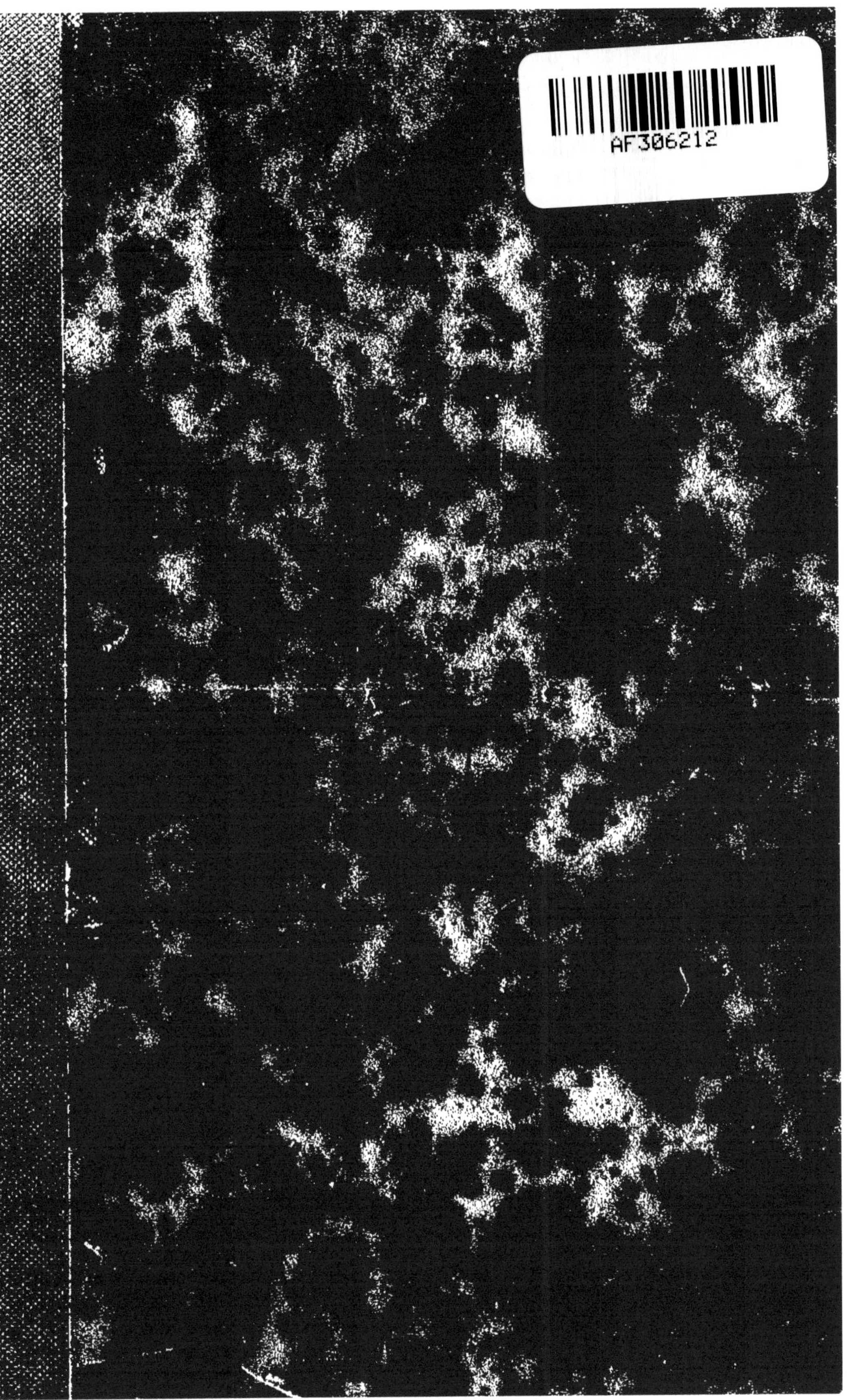
AF306212

FLORE MÉDICALE

FLORE MÉDICALE.

Mr. A. Richard
P. J. F. Turpin
C. Pernond
Lambert

Mme Panckoucke
Chaumeton
Chamberet
Poiret

Paris chez J. M. Joly Libraire Éditeur.
Rue Serpente N.º 34

FLORE
MÉDICALE

ET

ICONOGRAPHIE VÉGÉTALE

PEINTES

Par Mme E. PANCKOUCKE et TURPIN (de l'Institut)

DÉCRITES

Par MM. CHAMBERET, CHAUMETON, FERMOND, POIRET
et ACH. RICHARD (de l'Institut)

———

TROISIÈME ÉDITION

TOME PREMIER

PARIS

ÉDITION DE C.-L.-F. PANCKOUCKE

CHEZ J.-M. JOLY, LIBRAIRE-ÉDITEUR

34, RUE SERPENTE, 34

MDCCCLXII

MÉDAILLE

DES

SCIENCES MÉDICALES

POUR

CONSACRER PAR UN MONUMENT DURABLE LES PROGRÈS

DE LA MÉDECINE EN FRANCE AU XIX° SIÈCLE.

En faisant Apollon le dieu de la médecine et des beaux-arts, les anciens ont voulu indiquer le lieu mystérieux et inaperçu du vulgaire, qui unit la science de l'homme aux productions les plus brillantes de l'imagination. Hippocrate fut révéré comme une divinité; il eut des statues et des temples dans un pays où le sentiment de la reconnaissance fut porté jusqu'au délire, dans un pays où l'apothéose récompensait les grands hommes, quand la calomnie ne leur faisait point boire la ciguë, quand l'humeur soupçonneuse des républicains ne les condamnait point à l'exil. Les modernes ne sont pas aussi magnifiques dans leurs récompenses, quoiqu'ils soient souvent aussi cruels dans leurs vengeances. Les médecins les plus célèbres de nos jours n'ont pas vu de statues s'élever en leur honneur à côté de celles des guerriers qu'ils avaient conservés à la patrie. Le burin, le pinceau, quelquefois le ciseau mis en mouvement par l'amitié ou la reconnaissance privée, ont de loin en loin consacré le nom de quelques-uns. L'un d'eux vit une médaille consacrer un beau suffrage, mais ce monument fut encore celui de la gratitude de quelques individus et non de la patrie. Puisque nos usages ne sont pas en harmonie avec les grandes choses de ce siècle, il faut sans doute laisser à la postérité le soin de se montrer plus généreuse. Mais il est permis d'applaudir à l'idée heureuse qu'a eue M. Panckoucke de faire frapper, au nom des Souscripteurs de la *Flore médicale*, du *Dictionnaire des Sciences médicales* et du *Dictionnaire abrégé*, une médaille, non pas en l'honneur de tel ou tel médecin, mais en consécration des progrès que la médecine a faits au dix-neuvième siècle.

Cette médaille représente d'un côté le sujet du beau tableau de M. Guérin : *Une offrande à Esculape* (1). Un vieillard malade est amené par ses enfants devant la statue du dieu ; appuyé sur ses fils placés à ses côtés, il fait un mouvement pour rendre hommage au dieu dont il attend la santé: ses fils, par un geste plein de noblesse, expriment leurs vœux ardents; la jeune fille agenouillée devant son père, regarde, avec une satisfaction mêlée de terreur, le serpent mystérieux d'Epidaure qui se glisse au-dessus de la corbeille remplie de fruits et de fleurs qu'elle a déposée aux pieds du dieu. Toutes les figures ont une expression très-remarquable; le dessin est rendu avec la plus grande fidélité, et l'effet des saillies parfaitement calculé.

De l'autre côté, autour de l'inscription, est une couronne de fleurs empruntées à la *Flore*

---

(1) Ce tableau se trouve exposé au Louvre dans la Galerie française, salle Drölling.

médicale, et rendue avec des détails admirables, qu'on n'aurait jamais cru trouver dans une médaille : il faut voir cette guirlande, composée des fleurs de l'ipécacuanha, du quinquina, du jalap, de la pomme épineuse, de la noix vomique, du pavot, pour se faire une idée d'un si gracieux assemblage de végétaux consacrés au traitement des infirmités de la nature humaine. Le parti qu'on a tiré de cette idée est au-dessus de toute description : le goût et la grâce ne peuvent se décrire.

Cette médaille fait le plus grand honneur au talent de M. Barre. Elle ornera la bibliothèque de tout médecin qui, en souscrivant aux ouvrages publiés par M. Panckoucke sur les sciences médicales, a concouru à donner naissance à tant d'utiles recherches enfouies jusque-là dans le portefeuille de nos grands maîtres : les noms, prénoms, titres et qualités du Souscripteur, inscrits autour de la médaille, consacreront à jamais son souvenir et son amour pour la science la plus utile de l'humanité.

Afin que tous les sujets que représente cette médaille fussent conservés parmi les travaux du célèbre botaniste qui en a été la cause déterminante, l'éditeur a eu l'heureuse idée de la faire graver en grand et de faire de ses deux côtés l'objet d'un frontispice qui fait partie de la première livraison du *Supplément à la Flore médicale* et à l'*Iconographie végétale*, supplément dont les matériaux sont dus : d'une part, à Turpin qui en a fait les dessins, et à M. Ch. Fermond qui en a fait la description botanique.

Les deux angles supérieurs du frontispice sont occupés par les noms de ceux qui ont plus ou moins concouru à la composition de cette œuvre importante. Dans les deux angles inférieurs on a représenté deux sujets allégoriques ; celui de droite, représentant la Botanique, et celui de gauche représentant la Chimie à laquelle la Botanique a fourni de nombreux sujets d'études.

Voici en peu de mots l'appréciation qu'ont faite quelques journaux de l'époque sur la valeur de cette médaille : « Nous ne doutons pas du succès de cette médaille, dont l'exécution, très-remarquable, est due à M. Barre, et qui est consacrée au souvenir d'une des plus nobles parties de notre gloire nationale (*Constitutionnel*).

« Nous ne doutons pas de l'empressement que tous les amis de la gloire nationale mettront à acquérir une médaille qui doit perpétuer le souvenir de l'une des plus belles portions de l'héritage scientifique du xixe siècle (*Débats*).

« Le beau tableau de M. Guérin, représentant un vieillard malade conduit par ses enfants devant l'autel d'Esculape, vient de fournir le sujet très-heureux d'une médaille mise au jour par M. Panckoucke, et exécutée avec une rare perfection en mémoire du *Dictionnaire des Sciences médicales* et de son *Abrégé*, de la *Flore médicale* et du *Journal complémentaire* (*Courrier Français*). »

Les plantes médicinales qui sont gravées sur le revers de la médaille ont été disposées dans l'ordre suivant, en partant du bas de la couronne :

Côté droit :
1. *Datura stramonium.*
2. *Pavot somnifère.*
3. *Quinquina à grandes feuilles.*
4. *Safran cultivé.*

Côté gauche :
1. *Cephœlis ou Callicocca ipecacuanha.*
2. *Anémone sauvage.*
3. *Strychnos nux vomica.*
4. *Arnica des montagnes.*
5. *Anémone pulsatille.*

Toutes ces plantes sont liées par le *Liseron scammonée.*

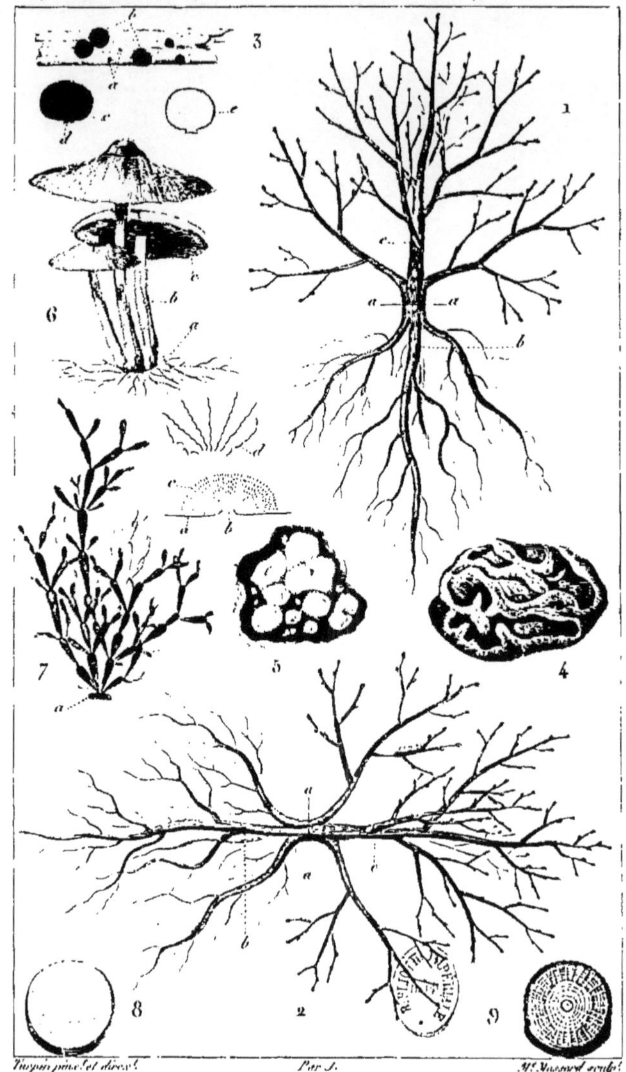

1 et 2. *PYRUS* communis. 3. *SCLEROTIUM* semen. *(Pers.)* 4. *TREMELLA* mesenterica. *(Jacq.)* 5. *TORULA* fructigena. *(Pers.)* 6. *AGARICUS* cyaneus. *(Bull.)* 7. *GIGARTINA* articulata. *(Lamx.)*

ment nommé chou-palmiste (*Areca oleracea*, L.), et la plante sarmenteuse une espèce de *Bauhinia*, genre de la famille des légumineuses, dont un grand nombre d'espèces croissent ainsi sous la forme de lianes.

Fig. 8. TIGE horizontale et souvent souterraine d'une fougère (*Pteris aquilina*, L.). — Cette tige a été généralement décrite comme une racine, par cela seul qu'elle est souterraine. Elle se termine à l'une de ses extrémités par un bourgeon roulé en crosse, caractère qui appartient à toutes les plantes de la famille des fougères. On remarque en *a* le point d'insertion des anciennes feuilles qui ont été coupées.

Fig. 9. BULBE DU NARCISSE DES PRÉS (*Narcissus poeticus*, L.), coupé longitudinalement : *a*, le plateau ou tige; *b*, la troncature inférieure de la tige donnant naissance dans son contour aux fibres radicales *c*; *d*, la hampe ou pédoncule florifère.

TABLEAU IV (*bis*)

Fig. 1 et 2, végétaux isolés de la terre et privés de leurs organes appendiculaires. Le but de ces figures est de faire connaître, en *a*, la *ligne médiane* qui sépare le système *ascendant, supérieur* ou *aérien*, *c*, du système *descendant, inférieur* ou *souterrain*, *b*. La figure 1 représente la position naturelle du végétal; la fig. 2, une position en quelque sorte comparable, quant à la ligne médiane, à celle des animaux.

Les fig. 3, 4, 5, 6 et 7 offrent des exemples de végétaux *simples* ou *axifères*, et les fig. 8 et 9 montrent, la première, le tissu cellulaire qui compose les végétaux simples ou axifères; l'autre, le tissu cellulo-vasculaire des végétaux *composés* ou *appendiculés*.

Fig. 3. SCLETORIUM SEMEN (Pers.) à divers degrés de développement : *a*, naissant; *b*, complétement développé; *c*, système aérien, formant le végétal entier; *d*, système souterrain, presque nul; *e*, coupe verticale destinée à montrer que ces végétaux n'ont point de corps reproducteurs, et qu'ils se reproduisent de la matière en décomposition (1).

Fig. 4. TREMELLA MESENTERICA (Jacq.), espèce de Saint-Domingue.

---

(1) Aujourd'hui presque tous les botanistes admettent que les corpuscules cellulaires qui les composent sont autant de spores capables de reproduire l'espèce , idée complétement contraire à celle de Turpin.

Fig. 5. Torula fructigena (Pers.) : *a*, épiderme d'une poire gâtée, sur laquelle est un grand nombre d'individus réunis en houpe; *b*, pore épidermique par lequel la matière du fruit est sortie pour se réorganiser; *c*, individus articulés ou plutôt formés d'un certain nombre de cellules unies bout à bout, comme elles le sont dans les vaisseaux *moniliformes* ou en chapelet (Tabl. 1, fig. 13); *d*, individus grossis pour montrer leurs articulations.

Fig. 6. Agaricus cyaneus (Bull.) : *a*, mycelium faisant fonction de racines; *b*, axe, *c*, lames séminifères.

Fig. 7. Gigartina articulata (Lamx.). *Fucus articulatus* ; *a*, système inférieur réduit à un simple épatement.

SUITE DU **TABLEAU IV** *(bis)*

Dans ce tableau l'auteur s'est proposé de fixer les idées sur les *nœuds vitaux* des tiges anciennes et souterraines et faire connaître en même temps leurs diverses situations relatives (1, 2, 3, 4), et par les fig. 5, 6, 7, 8, montrer quelques-unes des modifications que présente le développement des bourgeons qui en émanent.

Fig. 1. Nœuds vitaux alternes, distiques de l'*Arundo donax*, L. : *a*, nœud vital; *b*, base engaînante de la feuille, bordant les nœuds vitaux; *c*, bourgeon.

Fig. 2. Nœuds vitaux alternes, hélicoïdés, du *Prunus cerasus*, L. : *a*, nœud vital ; *b*, bourgeon.

Fig. 3. Nœuds vitaux opposés par couple de l'*Acer opulifolium* : *a*, nœud vital; *b*, bourgeon.

Fig. 4. Nœuds vitaux alternes, hélicoïdés, de la tige, souterraine et amylacée du *Solanum tuberosum*, L. : *a*, nœud vital ; *b*, feuille réduite à un léger appendice ; *c*, pores corticaux ; *c'*, pédicule ou plutôt portion de la tige qui n'a pas été renflée par un dépôt abondant de fécule.

Fig. 5. *a*, Tige ou axe du *Rudbeckia amplexicaulis* (Bosc.); *b*, canal médullaire et moelle en voie de désorganisation, la vie se portant en général à l'extrémité de l'axe primaire ou des axes de formation postérieure ; *c*, nœuds vitaux très-rapprochés vers la partie terminale de l'axe de cette plante ; *d*, feuilles rudimentaires bordant les nœuds vitaux ; *e*, rameau

Disposition des nœuds-vitaux ou conceptacles des embryons-fixes, sur les rameaux des végétaux, et des nouveaux individus qui en émanent.

1. ARUNDO donax. (Lin.) 2. PRUNUS cerasus. (Lin.) 3. ACER opalifolium.

4. SOLANUM tuberosum. (Lin.) 5. RUDBECKIA amplexicaulis. (Bosc.)

6. BUXUS suffruticosa. 7. MESPILUS oxyacantha. (Lin.)

8. JUSSIEUA villosa. (Lam.) suffruticosa. (Lin.)

florifère émanant du nœud vital et de l'aisselle de la feuille rudimentaire.

Fig. 6. *a*, premier axe du *Buxus suffruticosa*; *a'*, second axe ou bourgeon développé en scion allongé; *b*, nœuds vitaux qui ont servi de conceptacles aux bourgeons; *c*, feuilles du premier axe; *c'*, feuilles écailleuses ou cotylédons des bourgeons; *c''*, feuilles du second axe.

Fig. 7. *a*, premier axe du *Mespilus oxyacantha*, L.; *a'*, second axe ou bourgeon développé en un scion avorté et privé d'organes appendiculaires; *b*, nœud vital; *c*, feuille du premier axe bordant le nœud vital; *c'*, stipules.

Fig. 8. *a*; premier axe du *Jussieua villosa* Lam.; *a'*, second axe ou bourgeon florifère, scion terminé par le stigmate en *a'*; *b*, nœud vital, qui a servi de conceptacle à ce bourgeon; *c*, feuille du premier axe; *c'* et *c''*, feuilles sépaloïdes et pétaloïdes du second axe; *e*, feuilles transformées en étamines anthérifères appartenant au même axe.

TABLEAU V

PORES, POILS, GLANDES, SUÇOIRS, AIGUILLONS, ÉPINES, VRILLES,
BOURGEONS, EXOSTOSES.

Figure 1. PORTION D'ÉPIDERME de la Lavande à larges feuilles (*Lavandula latifolia*, L.), vue au microscope et considérablement grossie. — L'épiderme est une pellicule mince et celluleuse qui recouvre toutes les parties du végétal exposées à l'action de l'air et de la lumière. Elle est percée d'ouvertures très-petites, que l'on a désignées sous les noms de *pores corticaux* et de *stomates*. C'est elle aussi qui porte les poils et les glandes, dans les végétaux qui en sont pourvus. Tantôt l'épiderme n'est formé que d'une seule rangée d'utricules, tantôt de deux ou même de trois superposées. Ces utricules sont excessivement adhérentes entre elles, et jamais elles ne contiennent de matière verte ou de chromule. Leurs parois sont souvent minces et transparentes et laissent apercevoir la couleur des tissus placés immédiatement au-dessous de l'épiderme. Très-souvent la forme des utricules qui composent l'épiderme est complétement différente de celle des utricules qui constituent le tissu sous-jacent, et prouve, contrairement à l'opinion de quelques botanistes, que l'épiderme n'est pas formé par l'épaississement du tissu cellulaire extérieur des organes. Quel-

4**

quefois, par-dessus cette membrane celluleuse, se trouve une pellicule tout à fait extérieure, mince et simple, qui, par la macération, se détache de l'épiderme proprement dit.

Les *stomates*, ou pores corticaux, sont des organes que leur excessive petitesse dérobe à notre vue et qui exigent le secours du microscope pour pouvoir être bien examinés. Ils représentent des espèces de petites fentes ou de boutonnières, entourées par deux ou par quatre utricules un peu plus renflées et qui en constituent en quelque sorte les lèvres. Cependant quelques auteurs du plus grand mérite pensent encore que les stomates ne sont pas des organes perforés ; ce ne serait, selon eux, que des excavations ou des espèces de petites poches creusées dans l'épaisseur de l'épiderme.

Le fragment d'*épiderme* représenté ici, fig. 1, montre les stomates *a*, et des poils très-singuliers *b*, en ce qu'ils sont rameux.

Fig. 2. Poils simples. — Les poils sont des appendices ordinairement filiformes, minces et flexibles, ou roides et résistants, d'une forme très-variée, et qui naissent de l'épiderme de presque toutes les parties des végétaux.

Les poils simples, tels qu'ils sont représentés dans la figure 2, sont ordinairement creux et formés par une utricule excessivement allongée. Leurs parois sont minces et transparentes, ce qui empêche communément de distinguer la cavité qui existe à leur intérieur.

Fig. 3. Poils articulés. — Ils sont formés par une suite d'utricules placées les unes au-dessus des autres, et qui vont graduellement en diminuant de la base vers le sommet ; quelquefois ces poils présentent des espèces de rétrécissements ou d'étranglements ; d'autres fois ils semblent continus, seulement leur cavité interne est coupée de cloisons transversales.

Fig. 4. Poils étoilés ou fasciculés. — D'un même point de l'épiderme naissent en divergeant un nombre plus ou moins considérable de poils qui ont une origine commune et constituent les poils étoilés ou fasciculés ; c'est ce qu'on observe dans une foule de plantes de la famille des malvacées, etc.

Fig. 5. Poils rameux, *terminés par des glandes visqueuses*. — Les poils

FLORE MÉDICALE

FLORE MÉDICALE.

Paris, chez J. M. Joly, Libraire Editeur.
Rue Serpente N.º 54

FLORE
MÉDICALE

ET

ICONOGRAPHIE VÉGÉTALE

PEINTES

Par Mme E. PANCKOUCKE et TURPIN (de l'Institut)

DÉCRITES

Par MM. CHAMBERET, CHAUMETON, FERMOND, POIRET
et **ACH. RICHARD** (de l'Institut)

———

TROISIÈME ÉDITION

TOME DEUXIÈME

PARIS

ÉDITION DE C.-L.-F. PANCKOUCKE

CHEZ J.-M. JOLY, LIBRAIRE-ÉDITEUR

34, RUE SERPENTE, 34

—

MDCCCLXII

FLORE

MÉDICALE

ET

ICONOGRAPHIE VÉGÉTALE

TOME PREMIER

Embryons végétaux, isolés, considérés la plupart dans leur état de réclusion et comparés entre-eux, du plus simple au plus composé.

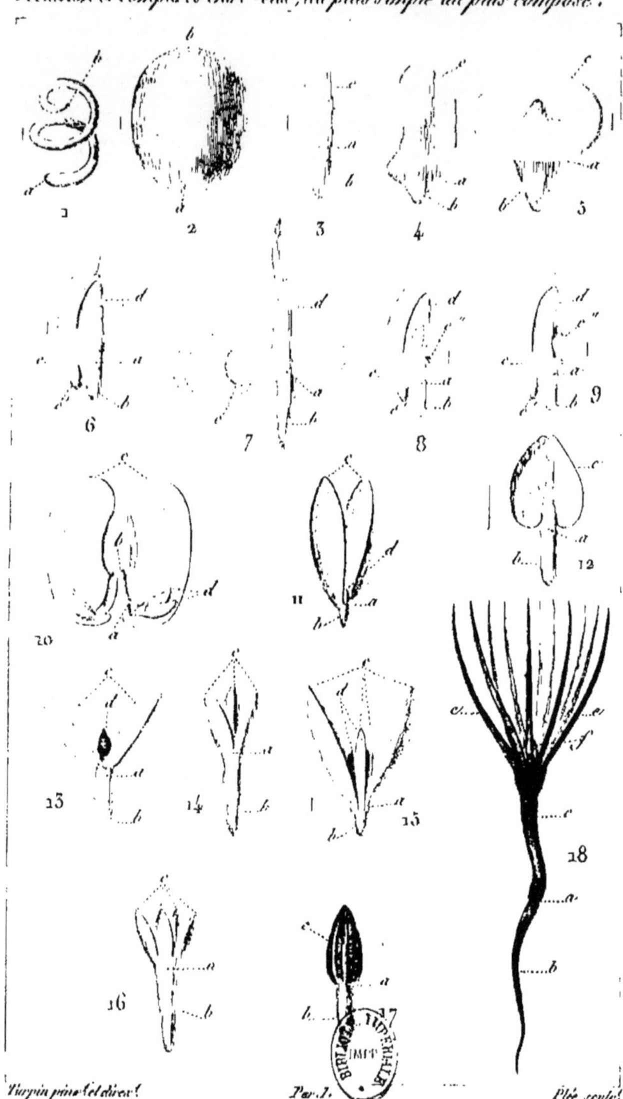

TABLEAU XXXVI. (*bis*)

Dans ce tableau, l'auteur n'a compris que les organes reproducteurs ou embryons des végétaux phanérogames :

Fig. 1. Cuscuta europæa, Lin. Embryon réduit à l'axe et dépourvu de feuilles cotylédonaires : *a*, radicule ; *b*, sommet de l'axe ou gemmule.

Fig. 2. Colchicum autumnale, Lin. Embryon monocotylédoné et endospermé ; feuille cotylédonaire *isolée*, latérale, soudée en gaîne : *a*, radicule ; *b*, tigelle ou gemmule.

Fig. 3. Fritillaria imperialis, Lin. Embryon endospermé, monocotylédoné ; feuille cotylédonaire *isolée*, latérale, soudée en gaîne : *a*, ligne médiane ; *b*, radicule ; *c*, tigelle.

Fig. 4. Cocos nucifera, Lin. Embryon endospermé, monocotylédoné ; feuille cotylédonaire *isolée*, latérale, soudée en gaîne : *a*, ligne médiane ; *b*, radicule ; *c*, tigelle.

Fig. 5. Musa sapientium, Lin. Embryon monocotylédoné, endospermé, feuille cotylédonaire *isolée*, latérale, soudée en gaîne : *a*, ligne médiane ; *b*, radicule ; *c*, tigelle.

Fig. 6. Danthonia decumbens. Embryon endospermé monocotylédoné ; feuille cotylédonaire *isolée*, latérale, *libre* : *a*, ligne médiane ; *b*, radicule ; *c*, feuille cotylédonaire *libre* et latérale ; *c'*, prolongement inférieur de la feuille cotylédonaire ; *d*, tigelle. Les ponctuations simulent une autre feuille qui ne se développe point encore sur ces embryons.

Fig. 7. Scirpus sylvaticus, Lin. Embryon endospermé, monocotylédoné ; cotylédon *isolé*, latéral, libre : *a*, ligne médiane ; *b*, radicule ; *c*, cotylédon ; *d*, tigelle.

Les ponctuations indiquent d'un côté le péricarpe et l'endosperme, dans lesquelles le cotylédon, *c*, reste engagé ; de l'autre, un deuxième cotylédon qui ne se forme pas encore dans cette plante.

Fig. 8. Hordeum vulgare, Lin. Embryon endospermé, monocotylédoné,

13*

cotylédon *isolé*, latéral, libre : *a*, ligne médiane; *b*, radicule; *c*, cotylédo libre et latéral ; *c'*, prolongement inférieur du cotylédon ; *c"*, premier rudiment d'un deuxième cotylédon ; *d*, gemmule.

Fig. 9. TRITICUM SATIVUM, Lam. Embryon *presque dicotylédoné* endospermé ; cotylédons *associés* par couple, libres : *a*, ligne médiane; *b*, radicule; *c*, cotylédon parfait; *c'*, prolongement inférieur du cotylédon ; *c"*, deuxième cotylédon rudimentaire; *d*, tigelle.

Fig. 10. PHASEOLUS VULGARIS, Lin. Embryon dicotylédoné, sans endosperme ; cotylédons associés par couple, libres : *a*, ligne médiane; *b*, radicule ; *c*, cotylédons opposés; *d*, tigelle.

Fig. 11. CUCURBITA PEPO, Lin. Embryon dicotylédoné, sans endosperme ; cotylédons *associés* par couple, libres : *a*, ligne médiane; *b*, radicule; *c*, cotylédons opposés ; *d*, tigelle.

Fig. 12. DIOSPYROS VIRGINIANA, Lin. Embryon dicotylédoné, endospermé ; cotylédons *associés* par couple, libres : *a*, ligne médiane; *b*, radicule ; *c*, cotylédons.

Fig. 13. Le même vu de côté, pour montrer en *d*, la tigelle.

Fig. 14. PINUS NIGRA (Pin. mariana, Gœrt.). Embryon *tricotylédoné*, endospermé ; cotylédons *associés*, verticillés, libres : *a*, ligne médiane; *b*, radicule ; *c*, cotylédons.

Fig. 15. CERATOPHYLLUM DEMERSUM, Lin. Embryon sans endosperme, *presque quadricotylédoné ;* cotylédons *associés*, verticillés, libres, inégaux, deux plus petits opposés : *a*, ligne médiane; *b*, radicule ; *c*, cotylédons; *d*, tigelle.

Fig. 16. PINUS AMERICANA, Mich. *P. microcarpa*, Lamb. Embryon endospermé, *quadricotylédoné;* cotylédons *associés* par verticilles, libres : *a*, ligne médiane; *b*, radicule ; *c*, cotylédons.

Fig. 17. PINUS PINEA, Lin. Embryon endospermé, *polycotylédoné*, cotylédons *associés* par verticilles, libres : *a*, ligne médiane; *b*, radicule ; *c*, cotylédons.

Fig. 18. Le même commençant à se développer : *a*, ligne médiane; *b*, radicule ; *c*, premier mérithalle (tigelle) compris entre la ligne médiane et l'origine des cotylédons; *e*, cotylédons ; *f*, tigelle composée de jeunes feuilles verticillées.

RÉGNE ORGANIQUE.

Enchainement linéaire et gradué des Êtres organisés.
par P. J. F. Turpin.

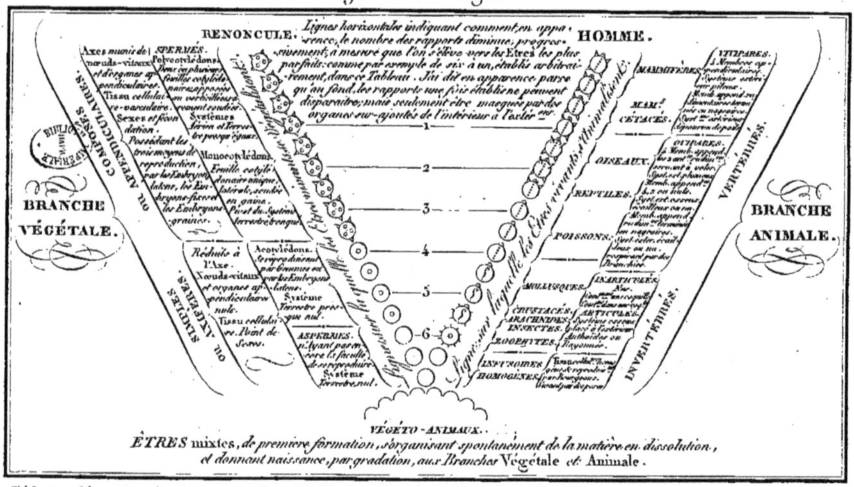

ÊTRES mixtes, de première formation, s'organisant spontanément de la matière en dissolution, et donnant naissance, par gradation, aux Branches Végétale et Animale.

Réduction Géometrique d'un Tableau dans lequel les Branches Végétale et Animale, avec leurs rameaux latéraux, sont représentés par un grand nombre d'Êtres gradués et dessinés d'après nature.

RÈGNE ORGANIQUE

Turpin a eu l'idée d'indiquer par ce dernier tableau la disposition graduée des deux grands embranchements végétaux et animaux, réduits à deux simples séries idéales, mais en supposant des séries latérales qui en émanent.

D'une base commune s'élèvent en se bifurquant deux branches : l'une qui, en se *végétalisant*, se termine par une RENONCULE ; l'autre qui, en *s'animalisant*, conduit à l'HOMME : renoncule et homme qui sont l'expression de l'extrême complication des deux séries. L'auteur admet que la base représente des êtres qui, par leur simplicité, leur extrême petitesse et surtout leur grande transparence qui fait que leurs contours se confondent avec le liquide dans lequel ils vivent, échappent le plus souvent à nos sens. D'où résulte une impossibilité patente de pouvoir jamais saisir le véritable point où la matière commence à s'organiser.

Toutefois, l'analogie permet de soupçonner que l'être vivant le plus simple est constitué par une seule cellule poreuse, dans laquelle circulent des fluides. Cet être *unicellulaire*, peut être représenté par une cellule que l'on détacherait de la masse organique d'un être plus compliqué ;

Donc, en suivant la nature dans les formes graduées qu'elle donne aux êtres vivants et en procédant du simple au composé, on pourrait, dans les plantes, avoir la série suivante : 1º une seule cellule poreuse, sphérique ou allongée en un tube filiforme : *conferves simples;*

2º Plusieurs cellules placées bout à bout, filiformes, simples ou ramifiées : *conferves cloisonnées, Monilia, etc.;*

3º Plusieurs séries de cellules placées alternativement les unes à côté des autres, et formant une lame simple ou multiple : *Ulva lactuca* et *Dictyota dichotoma,* Lamx.

4º Une masse homogène de tissu cellulaire, ou agrégation de cellules, dans tous les sens, pouvant se modeler sur un certain nombre de formes : les *Sclerotium,* et, en général, la masse organique de tous les végétaux.

5° Une masse homogène de tissu cellulaire, prenant la forme tubulaire ; tube entier dans les végétaux, percé à ses deux extrémités dans les animaux.

Ce tube une fois formé persiste même dans les êtres les plus compliqués ; il est l'organe de première formation; sa situation est toujours centrale, et c'est à son extérieur que viennent successivement se surajouter les autres parties qui servent à distinguer les êtres simples des êtres plus composés.

Dans les végétaux, ce tube simple ou rameux présente dans son épaisseur et sur des points déterminés, des sortes de conceptacles (nœuds vitaux, Turp.) destinés à servir de berceau aux bourgeons. C'est sur le bord extérieur de ces nœuds vitaux que se développent les feuilles cotylédonaires ou autres, les bourgeons, les sépales, les pétales, les étamines et les phycostèmes, etc. Le péricarpe et les tuniques de la graine sont encore des organes appendiculaires foliacés, que l'auteur considère comme la partie terminale du tube, qui se gonfle, et dans l'intérieur duquel naissent et se développent les embryons.

Ces idées suffiront pour faire comprendre l'esprit de ce premier tableau, où l'auteur, au moyen de simples figures géométriques, a exprimé les divers caractères qui servent à distinguer les principaux groupes des êtres. Il a essayé d'imiter la nature dans la manière dont elle procède en compliquant ou en simplifiant ces mêmes êtres. Ainsi, après avoir créé une forme, il l'a répétée en s'élevant vers le sommet des deux branches, et en ne faisant que surajouter des choses nouvelles aux choses déjà formées. Turpin a représenté par de simples portions de cercles, ces êtres mixtes qui ne sont encore ni végétaux, ni animaux, mais qui forment cette souche commune, d'où s'élèvent par bifurcation les deux grands embranchements. Non que l'auteur ait eu l'intention de comparer et mettre en rapport, point pour point, l'homme avec un végétal ; la seule chose qu'il se soit proposée, a été de présenter un simple enchaînement organique, en plaçant, sur deux lignes dépourvues de leurs rameaux latéraux, les êtres à mesure qu'ils passent de l'état simple à l'état composé. Des cercles complets, en établissant le point de départ des deux embranchements, simulent, d'une part, les végétaux qui manquent de corps reproducteurs et auxquels la nature ne paraît point encore avoir accordé la faculté de se reproduire eux-mêmes, et, de l'autre, les animaux *infusoires homogènes*, qui paraissent être dans le même cas.

Pour la branche animale, l'auteur, au même cercle déjà établi, n'a fait que surajouter, de l'intérieur à l'extérieur, d'autres signes, tels que, pour les *zoophytes*, un centre nerveux et des rayons placés extérieurement ; pour les *crustacés*, les *arachnides* et les *insectes*, une ligne intérieure indiquant la présence d'une moelle épinière, une tête et six membres appendiculaires. Pour les *mollusques* il a conservé les mêmes signes et supprimé seulement les membres extérieurs, dont la plupart sont dépourvus. Quant aux *poissons*, une série longitudinale de points indique que là commence le système osseux et intérieur des animaux vertébrés. Les *reptiles*, qui ont quatre, deux ou même qui n'ont pas de pieds, sont représentés par la même figure que celle des poissons, à laquelle on a ajouté le signe intermédiaire de ce groupe, celui de deux membres antérieurs. Les *oiseaux* sont représentés par quatre signes indiquant quatre membres appendiculaires, mais dont deux sont placés sur le dos de la figure. Enfin les *mammifères* offrent dans leur organisation l'état le plus composé des êtres vivants, lequel, étant déroulé par la pensée, donne les analogues des êtres plus simples : ainsi en supprimant, dans l'ordre où elles ont été créées, quelques-unes des parties organiques qui composent l'homme, on obtient, sauf les formes et les usages, l'équivalent d'un être plus simple que lui.

Revenant à la branche végétale, on peut voir que le cercle complet se reproduit jusqu'au sommet et que l'on n'a fait qu'y ajouter de nouveaux signes. Un cercle plus intérieur caractérise les végétaux simples ou *axifères*, chez lesquels on distingue des corps reproducteurs simples, nus ou tuniqués et nichés dans la substance cellulaire de ces plantes (*algues, champignons*). Immédiatement au-dessus commencent les végétaux composés, que Turpin nomme *appendiculaires*, parce que, autour du végétal axifère, il se développe des organes laminés ou plans que les autres n'ont pas encore montrés.

Maintenant, pour distinguer les végétaux de cette grande division en monocotylédones et en polycotylédones, l'auteur ajoute, aux premiers, trois appendices, représentant le nombre naturel de ce groupe et cinq aux seconds, comme étant celui qui semble les caractériser. De plus, les trois cercles intérieurs représentent les trois moyens de reproduction, qui sont : 1º par bourgeons latents ; 2º par bourgeons proprement dits ; 3º par graines (1).

(1) Dans l'ordre d'idées d'après lequel raisonne Turpin, nous pensons qu'il eût été plus logique de nommer végétaux appendiculaires les premiers et axifères les seconds, pour plusieurs raisons ; savoir : 1º Le *tissu cellulaire* est bien plutôt le propre des organes appendiculaires que des organes axiles ou axifères, si bien représentés par les ramifications végétales ; 2º Les organes axiles sont bien plutôt constitués par du *tissu vasculaire* ou tout au plus par des cellules très-allongées et fibreuses *(clostres)* qui forment pour ainsi dire la charpente entière du végétal mono et dicotylédoné ; 3º Enfin, la plupart des agames ou des acotylédones affectent plutôt la forme et l'aspect d'un organe appendiculaire que celui d'un axe. Aussi ces végétaux sont-ils plutôt constitués par du tissu cellulaire, d'où le nom de *végétaux cellulaires* que De Candolle leur a donné dans sa classification, par opposition à celui de *végétaux vasculaires* qu'il applique aux mono et dicotylédones. (Ch. Fd.)

FLORE MÉDICALE

FLORE MÉDICALE.

Paris, chez J. M. Joly, Libraire-Éditeur.
Rue Serpente Nº 34.

FLORE
MÉDICALE

ET

ICONOGRAPHIE VÉGÉTALE

PEINTES

Par Mme E. PANCKOUCKE et TURPIN (de l'Institut)

DÉCRITES

Par MM. CHAMBERET, CHAUMETON, FERMOND, POIRET

et **ACH. RICHARD** (de l'Institut)

—

TROISIÈME ÉDITION

TOME TROISIÈME

PARIS

EDITION DE C.-L.-F. PANCKOUCKE

CHEZ J.-M. JOLY, LIBRAIRE-ÉDITEUR

34, RUE SERPENTE, 34

—

MDCCCLXII

ORGANOGRAPHIE VÉGÉTALE
ou
TABLEAU Élémentaire et Philosophique des Organes extérieurs qui constituent l'Être végétal le plus compliqué,
rangés selon l'ordre naturel de leur formation ou de leur degré d'importance.
Par P. J. F. TURPIN.

SYSTÈME GÉNÉRAL.
SYSTÈME AXIFÈRE.
SYSTÈME APPENDICULAIRE.
DES TROIS MOYENS REPRODUCTION DES VÉGÉTAUX APPENDICULAIRES

SITUATION NATURELLE DES VÉGÉTAUX.
SITUATION ARTIFICIELLE DES ANIMAUX.
SITUATION ARTIFICIELLE DES VÉGÉTAUX.
SITUATION NATURELLE DES ANIMAUX.

ORGANES FAISANT PARTIE DU TISSU VIVANT DES VÉGÉTAUX.
Org. Épidermiques.

CORPS REPRODUCTEURS libres (Embryon ou fœtus végétal), appartenant au 3.me et dernier moyen de reproduction des végétaux appendiculaires, considérés, avec leurs enveloppes protectrices, comme émanant de la partie terminale des AXES.
Embryons libres dépouillés de leurs enveloppes.
Embryons endospermés.

DISPOSITION DES NŒUDS-VITAUX, ou Conceptacles des Embryons sur le tube vivant des Végétaux.

ORGANES APPENDICULAIRES TERMINAUX, ou FEUILLES DE LA FLEUR.
ORGANES APPENDICULAIRES LATÉRAUX, ou FEUILLES PROPREMENT DITES.
SYSTÈME AXIFÈRE.

SYSTÈME SUPÉRIEUR ou AÉRIEN.
SYST. INFÉRIEUR.

L'UNITÉ DE COMPOSITION ORGANIQUE est le secret de la NATURE.

Au célèbre naturaliste voyageur, le Baron ALEX. de HUMBOLDT,
En reconnaissance de l'amitié dont il m'honore. P. J. F. Turpin.

C. L. F. PANCKOUCKE ÉDITEUR.
RUE DES POITEVINS, N.o 14.
1820.

ORGANOGRAPHIE VÉGÉTALE

ou

TABLEAU ÉLÉMENTAIRE ET PHILOSOPHIQUE DES ORGANES EXTÉRIEURS QUI CONSTI-
TUENT L'ÊTRE VÉGÉTAL LE PLUS COMPLIQUÉ, RANGÉS SELON L'ORDRE NATUREL
DE LEUR FORMATION OU DE LEUR DEGRÉ D'IMPORTANCE.

SYSTÈME GÉNÉRAL.

Dans les idées de Turpin, la *ligne médiane* des végétaux et des animaux a une grande importance, en ce qu'elle indique le point de liaison
qui existe entre les végétaux et les animaux; tandis que leur direction
indique leurs différences. En effet, chez les végétaux, la ligne médiane est
horizontale, alors que chez les animaux elle est *verticale*. Mais à mesure
que l'on descend, en suivant les branches végétales et animales vers le
point de bifurcation où elles se confondent, la ligne médiane disparaît
insensiblement, au point que, dans les animaux les plus simples et dans la
plupart des végétaux axifères, on n'en retrouve plus qu'un.

Une preuve que les choses doivent être envisagées comme nous venons
de le dire se trouve, pour Turpin, dans ce fait général que les plantes
polycotylédones ont un système descendant sensiblement égal au système
ascendant; que les monocotylédones ont le système descendant assez
considérablement réduit par rapport au système ascendant, et que dans
les végétaux plus simples, tels que les champignons, les algues, ce même
système se réduit de plus en plus de façon à n'être plus qu'une sorte
d'épatement qui sert seulement à fixer ces sortes de végétaux aux corps
sur lesquels ils vivent.

Un végétal composé, vivant, est en général un tube simple ou rameux,
cylindrique, composé de cellules poreuses et agrégées, dans lesquelles passent des fluides, sans que pour cela il y ait une véritable circulation. Ce
tube donne naissance, à sa surface extérieure, à des organes appendiculaires et dépose de ses deux surfaces des substances qui ont cessé de
vivre, telles que l'épiderme crustacé et carbonisé par l'air à l'extérieur,
et les couches concentriques qui composent cette masse inerte que l'on
nomme *bois.*

Au sommet et autour de ce tube sont situés des *nœuds vitaux* dont la disposition est constante selon les espèces : ainsi elle est *alterne distique, alterne hélicoïdale, opposée par couple* ou *opposée par verticille.* Ces nœuds vitaux, sortes de conceptacles, contiennent le germe des bourgeons, êtres particuliers destinés à répéter les parties et faire d'un végétal simple un végétal composé.

Ces nœuds-vitaux, disposés d'une manière régulière à de certains intervalles le long de ce tube végétal, le divisent en un certain nombre d'articles plus ou moins allongés (*mérithalles* de Dupetit-Thouars). Les nœuds-vitaux, plus importants que les organes appendiculaires qui les bordent et les protégent, déterminent toujours l'exsertion relative de ceux-ci, qui ne peuvent jamais naître ailleurs que là.

C'est sur le bord de ces nœuds-vitaux que naissent ces autres organes appendiculaires et rayonnants, tous parfaitement identiques, quand on abandonne toutes les considérations de formes, de couleur et de fonctions, peut-être mal fondées, et que l'on a désignés par les noms de *calice, corolle, étamine, phycostème, ovaire,* et *ovule.*

C'est en étudiant un végétal dans toutes ses évolutions que l'on parvient à reconnaître l'identité originelle de tous les organes appendiculaires qui s'échappent par exfoliation du tube cortical et aérien de ce végétal, et que l'on est conduit à ne plus voir, dans la composition d'un ovaire et par suite d'un péricarpe, qu'une ou plusieurs feuilles rapprochées et soudées par leurs marges plus ou moins rentrantes à l'intérieur ; dans le prolongement de la nervure médiane de ces mêmes feuilles, le style et le stigmate qui en sont la partie terminale ; dans le prétendu cordon ombilical, un article entièrement analogue au pétiole; dans la tunique propre de la graine, une feuille soudée, close de toutes parts, indéhiscente, bordant et protégeant le nœud vital qui a donné naissance à l'embryon ; et enfin, quelquefois, dans un dernier effort de la végétation, un dernier article dans le *raphé* ou *vasiducte*, et une graine rudimentaire dans la *chalaze.* Ce dernier article de la tige auquel on a donné le nom de *raphé*, représente exactement celui, quelquefois grêle et long, qui termine le rachis de certains épillets de graminées, et la chalaze, cette fleur rudimentaire que les botanistes nomment, dans cette famille, une fleur neutre.

Nous avons dit que Turpin a divisé le végétal en système supérieur ou aérien, et en système inférieur ou terrestre. Le système aérien peut lui-même être divisé en système *axifère* et en système *appendiculaire*.

A. SYSTÈME AXIFÈRE.

1° Organes faisant partie du tube-vivant ds végétaux.

A. **Organes épidermiques.**

Pores, stomates (στόμα, bouche). On nomme ainsi de petites bouches placées dans l'épaisseur de l'épiderme, s'ouvrant à l'extérieur par une fente plus ou moins allongée et bordée par un bourrelet formé de plusieurs, mais le plus souvent de deux cellules épidermiques en forme de croissant. On leur a donné le nom de *pores corticaux*, et le mot *pores* a reçu de Turpin une extension qu'on ne lui accorde pas aujourd'hui. Quoi qu'il en soit, Turpin a représenté, fig. 1, des stomates qu'il nomme pores simples; fig. 2, des pores membraneux; fig. 3, un pore glanduleux; fig. 4, des pores tubuleux ou poils; et fig. 5, un aiguillon, expansion du tissu cellulaire qui se forme indistinctement sur toute la surface aérienne des végétaux et qui s'en détache aisément.

B. **Disposition des nœuds vitaux ou conceptacles des bourgeons.**

Les nœuds vitaux, qu'il ne faut point confondre avec les points vitaux répandus dans tout le tissu cellulaire végétal et dont nous avons parlé précédemment, ne commencent, parmi les agames, à se faire apercevoir qu'à partir des *Mousses*. Considérés dans le sens transversal des tiges, ils peuvent être *isolés*, fig. 1 (1) et 2, ou associés, fig. 3 et 4, donnant lieu aux dispositions que nous avons indiquées plus haut.

Quelquefois le système axifère, au lieu d'être aérien, se développe sous terre. Dans ce cas, les nœuds vitaux sont toujours alternes et ne sont jamais bordés par un organe appendiculaire. Les bourgeons qui en émanent sont toujours dépourvus d'écailles : très-peu apparents sur les raci-

---

(1) *a*, nœud vital; *b*, bourgeon terminal; *c*, bourgeon latéral; *d*, entre-nœud ou mérithalle.

nes ordinaires, fig. 2, ils sont au contraire très-visibles sur les tiges souterraines de la Pomme de terre et du Topinambour, fig. 3 (1).

Enfin, la fig. 4 représente une excroissance radicale conique, formée
par un bois mou et lâche, entièrement nue et saillante hors de terre : on
lui a donné le nom d'*exostose*.

2° Corps reproducteurs libres appartenant au troisième et dernier moyen de
reproduction des végétaux composés; considérés, avec leurs enveloppes protectrices, comme émanant de la partie terminale des axes.

EMBRYON OU FŒTUS VÉGÉTAL.

L'embryon, considéré au centre de ses enveloppes, est un petit être qui
a déjà reçu un développement qui permet d'y reconnaître un *axe* et des
organes appendiculaires. Cet axe est la partie essentielle de l'embryon,
puisqu'il y en a qui sont dépourvus d'appendices comme on le voit dans
les *Cuscuta*, fig. 1, les *Cassyta*, etc. Les premiers appendices (cotylédons)
font partie du système aérien et naissent toujours au-dessus de la ligne
médiane. Ils sont isolés lorsque, placés latéralement sur l'axe, ils se sou-
dent en une gaîne comme dans les liliacées, fig. 2, ou bien qu'ils restent
libres comme les cypérées et les graminées, fig. 3 et 4. Ils sont associés
par couples, fig. 5, ou associés verticillés comme dans les dicotylédons,
fig. 6.

Plusieurs embryons peuvent naître naturellement sous l'enveloppe
propre de la graine, fig. 7, 8, et cette graine peut être quelquefois multi-
loculaire et contenir dans chaque loge un embryon, fig. 21. La situation
de l'embryon relativement au point extérieur (*hile*), qui unit la graine au
péricarpe, peut varier; la radicule, le plus souvent tournée de ce côté,
peut présenter l'inverse ou seulement une position latérale. Par rapport à
l'endosperme, l'embryon est adossé et placé à sa base extérieure dans les
graminées, fig. 13; il l'entoure entièrement dans les chénopodées, fig. 14,
ou il en est entouré lui-même, fig. 15.

Les enveloppes protectrices de l'embryon se multiplient autour de lui
en raison de ses besoins : il manque de tunique propre dans l'*Avicennia*,

---

(1) *a*, nœuds vitaux et bourgeons; *b*, mérithalle.

fig. 11. Le péricarpe est réduit à l'état rudimentaire dans les labiées, fig. 22 et 32, et dans les borraginées ; tandis que dans la châtaigne, le hêtre, fig. 45, on voit une autre enveloppe extérieure, involucres hérissés, envelopper de toutes parts le péricarpe.

L'embryon débarrassé de son péricarpe, mais entouré de ses enveloppes protectrices, porte le nom de *graine*, fig. 16. Celle-ci, que l'on peut regarder comme l'œuf végétal, se compose de deux parties organiques : l'embryon et les tuniques qui le protégent. L'embryon communique à la plante-mère par une cicatrice ombilicale que Turpin nomme *ombilic propre*, qui est précisément située sur la *ligne médiane*. Le plus souvent cet organe s'efface quand il a rempli ses fonctions, mais il reste visible sur l'embryon de la fève, du pois, etc., où il apparaît sous la forme de deux petites cicatricules latérales, fig. 9, *a*. Quelquefois nu ou seul, l'embryon est souvent entouré ou accompagné d'une substance particulière que l'on peut considérer comme le reste du fluide nourricier destiné à nourrir l'embryon et qui s'est concrété pour lui servir de nourriture pendant la germination : c'est *l'endosperme* (Rich.), *périsperme* (Juss.), ou *albumen* (Gœrt.), fig. 13, 14, 15, *a*. Enfin, l'embryon nu ou accompagné de l'endosperme est contenu dans une enveloppe particulière que l'on peut considérer comme la dernière feuille de l'axe, soudée de toutes parts, indéhiscente, bordant et protégeant ce dernier nœud vital qui sert de conceptacle à l'embryon ; c'est cette enveloppe qui a reçu en botanique les noms de *tunique*, *tégument*, *lorique* et *tegmen* (Mirbel), *épisperme* (Rich.), *spermoderme* (D. C.)

A la surface de la graine on distingue les organes suivants :

Hile, fig. 17, *a*. Cicatrice qui indique le point d'attache de la graine. Vers le centre du hile, quelquefois sur un de ses côtés, on voit une ouverture très-petite, *omphalode* de Turpin, fig. 18, *a*, qui est le point par où passaient les vaisseaux nourriciers de l'embryon. Cette cicatrice indique toujours la base de la graine et le point de communication avec le péricarpe.

Micropyle (Turpin), fig. 19, *a*. Petite ouverture souvent dirigée du côté du stigmate et par lequel les boyaux polliniques apportent aux ovules la matière fécondante du pollen. Il est quelquefois diamétralement opposé au hile ; d'autrefois, il s'en rapproche plus ou moins : dans tous les cas il doit être regardé comme le sommet organique de la graine.

Embryotége (Gœrt.), fig. 20, *a*. Sorte de déhiscence operculaire, naturelle à quelques graines, permettant une facile sortie des organes de l'embryon pendant la germination.

Raphé (Gœrt.), *vasiducte* (Rich.). Cordon vasculaire, fig. 23, *a*, partant du podosperme, rampant sur l'un des côtés du tégument de la graine, venant s'introduire dans l'intérieur, à son sommet, et s'épanouissant, fig. 23, *b*, en une sorte de renflement qui prend le nom de *chalaze*, Turpin regarde le raphé comme le dernier mérithalle de la tige.

Arille, fig. 24, 25, 26, *a*, et 23, *d*. Enveloppe plus ou moins complète de certaines graines formée par l'expansion du funicule et n'y adhérant que par le hile.

Podosperme (Rich.), *funicule, cordon ombilical*, fig. 27, *a*. Filet qui, partant du placenta, soutient la graine, et qui est formé par des vaisseaux conduisant les sucs nourriciers de l'embryon. Lorsque le raphé n'existe pas, il est pour Turpin le dernier mérithalle de l'axe.

Trophósperme (Rich.), *placenta* ou *placentaire*. Processus ou partie du péricarpe où sont attachées les graines. Il peut être axile quand il naît de la base, fig. 28 et 36, *a*, ou du sommet, fig. 37, *a*; et pariétal, lorsqu'il part immédiatement des côtés, fig. 38 et 39.

Cloisons, fig. 43. Lames verticales, rarement horizontales, formées par le prolongement de l'endocarpe, à l'intérieur de la cavité péricarpienne, sous forme de deux processus lamelleux adossés l'un à l'autre et réunis ensemble par une mince portion du sarcocarpe. Les cavités que circonscrivent ces lames constituent les *loges* du péricarpe.

Endocarpe (Rich.), *panninterne* (Mirb.), fig. 41, *c*. Membrane qui revêt intérieurement la cavité séminifère du péricarpe. Il est l'analogue du bois dans les tiges, car il augmente quelquefois en dureté et en lépaisseur par les couches additionnelles que le mésocarpe y dépose successivement. Tels sont le noyau de pêche et la noix de coco.

Sarcocarpe (Rich.), *mésocarpe*, fig. 41, *b*. Parenchyme situé entre l'épicarpe et l'endocarpe. Elle représente le tissu cellulaire de l'écorce et peut être charnue, succulente (pêche, poire), ou sèche et presque nulle (graminées, ombellifères).

Epicarpe (Rich.). Cette partie et le sarcocarpe forment la *pannexterne* de Mirbel , fig. 41, *a.* Membrane extérieure, mince; sorte d'épiderme qui recouvre extérieurement le péricarpe. L'épicarpe, le mésocarpe et l'endocarpe sont aux feuilles ovariennes ce qu'est aux autres feuilles de la plante l'épiderme des deux faces et le parenchyme placé au milieu.

Péricarpe, fig. 41, *a, b, c.* Il est constitué par les trois parties précédentes : épicarpe, mésocarpe et endocarpe, réunies et soudées intimement. Il est le produit d'une ou de plusieurs feuilles ovariennes roulées et soudées de toutes |parts par leurs bords : ces bords, en rentrant plus ou moins à l'intérieur, forment les trophospermes pariétaux sur lesquelles naissent les graines toujours bisériées.

Tissu médullaire (Turpin), fig. 43, *a.* Substance qui remplit la cavité intérieure de certains péricarpes et dans laquelle les graines sont comme nichées. Elle est spongieuse (châtaigne, noisette), ou farineuse (*Adansonia*) ou succulente (orange), et représente la moelle placée au centre des tiges.

Fruit, fig. 44. Ovaire et embryon développé. C'est le dernier terme de la végétation ; il se distingue des fruits envolucrés par les traces que laissent le plus souvent au sommet les styles et les stigmates.

Ovule. Jeune graine pleine de fluide nourricier et dans l'intérieur de laquelle l'embryon apparaît et se détache de sa mère après la fécondation. Le sac ovulaire est la dernière feuille soudée et indéhiscente du végétal : elle borde et protége le nœud vital embryonifère.

Pistil, fig. 29 et 30. Organe femelle situé au centre de la fleur et formé de deux parties essentielles : l'*ovaire* et le *stigmate*, et d'une partie accessoire, le *style.* C'est la partie terminale d'un rameau. Il représente le système axifère de la fleur et l'enfance du fruit.

Ovaire, fig. 29 et 30. Partie du pistil ordinairement située à sa base et renfermant les ovules. Le sommet de l'ovaire est toujours déterminé par la présence du style ou du stigmate, quelle que soit la direction de ce dernier.

Style, fig. 29 et 30. Prolongement de l'ovaire qui supporte le stigmate. Comparé par Turpin aux mérithalles, il est produit par l'allongement de la nervure médiane de la feuille ovarienne. Lorsqu'il est formé par la réunion de plusieurs nervures soudées, il peut, par la prolongation de la cavité ovarienne, être perforé au centre; mais ce canal inutile doit être bien distingué de celui qui est formé par le *tissu conducteur* du principe fécondant, qui, peu visible, n'est jamais situé au centre du style.

STIGMATE, fig. 31. Partie spongieuse, papilleuse et visqueuse qui termine le style quand il existe et qui est destinée à recevoir la poussière fécondante ou *pollen* des étamines.

NOMS DES EXEMPLES CHOISIS.

Fig. 1, *Cuscuta europœa;* 2, *Potamogeton natans;* 3, *Danthonia decumbens;* 4, *Triticum hybernum;* 5, *Hura crepitans;* 6, *Pinus pinea;* 7, *Viscum album;* 8, *Citrus aurantium;* 9, *Pisum sativum;* 10, *Evonymus europœus;* 11, *Avicennia tomentosa;* 12, *Phaseolus vulgaris,* var. *coccineus;* 13, *Danthonia decumbens;* 14, *Chenopodium;* 15.....16, *Phaseolus vulgaris;* 17, *Evonymus europœus;* 18, 19, *Phaseolus vulgaris;* 20, *Commelina communis;* 21, *Jussiœa suffruticosa;* 22, *Salvia pratensis;* 23, *Passiflora alata;* 24, 25 et 26, *Evonymus europœus;* 27, *Cassia fistula;* 28, Éricées; 29, *Anagallis monelli;* 30, 31, *Lilium candidum;* 32, *Lycopus europœus;* 33, *Lathyrus odoratus;* 34, *Amaranthus sanguineus;* 35, *Scabiosa succisa;* 36, *Silene noctyliflora;* 37, *Polyphragmon* (1); 38, *Passiflora maliformis;* 39, *Juncus articulatus;* 40, Éricées; 41, *Prunus domestica;* 42, *Evonymus europœus;* 43, *Castanea vesca;* 44, *Pyrus communis;* 45, *Fagus sylvatica.*

B. SYSTÈME APPENDICULAIRE.

1º Organes appendiculaires terminaux ou feuilles de la fleur.

FLEUR. Fig. 1. Ensemble des organes qui concourent à la reproduction des végétaux et des parties qui les enveloppent. Elle est toujours solitaire et terminale (2); elle a les plus grands rapports avec les rosettes de feuilles supportées par un axe très-court, ayant comme le bourgeon un nœud vital pour conceptacle, et situé, comme lui, à l'aisselle des feuilles ou à l'extrémité des axes. Elle se compose, en conséquence, des systèmes axifère et appendiculaire.

PHYCOSTÈME (Turp. Phycostemon, de φυκοσται, déguisée, et de στημων, éta-

---

(1) Desfont. *Mém. museum d'hist. nat.*

(2) Turpin. *Mém. inflor. des Graminées et des Cypérées.*

mine), *Nectaire* (Lin.), *Disque* (Adans) ; *Glande ovarienne* (Desv.) ; fig. 2, 3, 4, *a*. Ces différents noms ont été donnés à des glandes de formes très-variables, situées au voisinage des organes de la reproduction : entre les étamines et l'ovaire, ou entre les étamines et la corolle, ou entre celle-ci et le calice (*Chironia frutescens*). Il donne parfois naissance à des anthères, fig. 4, 6, et son insertion relative est absolument la même, d'où son nom de phycostème.

Étamine, fig. 5 et 6. Organe mâle de la fleur. C'est un pétale réduit à la nervure médiane (*filet*, fig. 6, *c*), terminé par une ou deux petites cavités (*anthère*, fig. 6, *a, b*). Lorsque le *trophopollen* se prolonge et divise chaque loge en deux logettes, l'anthère paraît avoir quatre loges. L'anthère est l'organe essentiel de l'étamine ; il renferme de nombreux corpuscules (*pollen*) que les botanistes regardent comme la partie fécondante des végétaux.

Connectif (Rich.), fig. 7, *a*. Entre les loges de l'anthère, on trouve une partie plus solide qui les unit entre elles. C'est le *connectif* qui, pour Turpin, est aux anthères ce qu'est aux péricarpes le trophosperme central ; il produit de même, le plus souvent dans l'intérieur des loges, des *processus* (*trophopollen*, fig. 8, *a*), qui divisent chaque loge de façon à former des cloisons plus ou moins complètes formant ainsi des anthères en apparence quadriloculaires. Ce connectif se distingue du filet de l'étamine par une articulation ; mais souvent peu apparent, il n'est qu'une simple prolongation du filet.

Pollen, fig. 9, 10 et 11. Poussière renfermée dans les anthères, formée par des globules de formes diverses contenant le liquide fécondant (*fovilla*), lequel s'échappe sous l'influence de l'humidité sous forme de *boyaux* (*polliniques*), fig. 11. Ces globules, le plus souvent libres, sont quelquefois enchaînés entre eux par des fils très-déliés ou rarement agglomérés et soudés en masse, fig. 10.

Corolle. *Périgone intérieur* (D. C.), fig. 12 et 13. Enveloppe florale intérieure placée immédiatement en dehors des étamines et ordinairement colorée. Ce sont des feuilles modifiées et formées par un tissu très-délicat : on leur donne le nom de *pétales*. Elles peuvent être complétement libres :

corolle polypétale, fig. 13, ou soudées ensemble, formant alors une *corolle monopétale*, fig. 12.

CALICE. Enveloppe florale extérieure, le plus souvent verte. Ce sont des feuilles (*sépales*) moins modifiées que celles qui constituent les pétales; mais, comme eux, elles peuvent rester unies en un calice *monophylle* ou *monosépale*, ou devenir libres et former un calice *polyphylle*. Quelquefois il est constitué par des feuilles dégénérées en poils, constituant alors le calice *fimbrillé* et incolore des *Synanthérées*.

NOMS DES EXEMPLES CHOISIS.

Fig. 1, *Pyrus malus*; 2, a, *Gratiola officinalis*; 3, a, *Pæonia montan*; 4, a, *Aquilegia vulgaris*; 5..... 6..... 7 et 8, *Tradescantia Virginica*; 9, *Azolea viscosa*; 10, *Asclepias Syriaca*; 11, *Cucurbita pepo*; 12, *Convolvulus*; 13, *Dianthus*; 14, *Cucubalus*; 15, *Cheiranthus cheiri*; 16, *Cynara pusilla*.

2° Organes appendiculaires latéraux ou feuilles proprement dites.

A. Rudimentaires par faiblesse.

COTYLÉDONS, *Protophylles* (Dupetit-Thouars), fig. 1 et 2, a. Premières feuilles de l'embryon destinées à lui fournir sa nourriture. Elles appartiennent au système aérien, et par conséquent elles sont insérées au-dessus de la *ligne médiane*. Ces feuilles cotylédonaires prennent quelquefois de l'accroissement, se colorent pendant la germination et s'exhaussent au-dessus de la ligne médiane et du sol, tandis que d'autres fois elles ne changent ni de forme ni de couleur et restent sur le même point où elles ont pris naissance. De là la distinction des cotylédons en *épigés* et *hypogés*.

ÉCAILLES, *Cotylédons*, ou *protophylles des bourgeons*, fig. 3 et 4. Ce sont des feuilles rudimentaires, réduites à la base d'un pétiole. Elles sont aux bourgeons ce que les cotylédons sont aux graines et capables de subir les mêmes modifications de développement, de couleur et de position. Une autre analogie qu'ils ont avec les cotylédons consiste dans leur isolement : fig. 3, et dans leurs associations soudées : fig. 4.

B. Maximum du développement des organes appendiculaires, ou feuilles proprement dites.

FEUILLE, fig. 5, 6, 7, 8 et 9. La feuille peut être définie ainsi : Tout organe appendiculaire et le plus souvent articulaire, quelles que soient ses dimensions, sa forme, sa figure, sa consistance et sa couleur, qui borde extérieurement un nœud vital, est une feuille. La feuille est aux bourgeons ce que sont les tuniques de la graine et le péricarpe aux embryons libres et fécondés (1). La feuille peut être réduite à sa nervure médiane, fig. 5, ou s'élargir des deux côtés en une lame régulière ou irrégulière, fig. 6. Cette lame, de simple qu'elle est en son bord, peut se découper en dents, puis en lobes plus ou moins profonds, fig. 7 et 8, et enfin se composer et devenir articulée, fig. 9 (2).

c. Rudimentaires par épuisement.

INVOLUCRE. *Enveloppe accessoire des fleurs*, fig. 10 et 11. Assemblage de feuilles réduites formant une enveloppe à la fleur. Ces feuilles libres entre elles, dans les *Ombellifères*, fig. 10, sont tout à fait rudimentaires et soudées dans la cupule du gland, fig. 11, et dans celle de la châtaigne.

BRACTÉE, *feuille florale*, fig. 12, 13, 14 et 15. Feuille plus ou moins réduite bordant un nœud vital d'où sort le plus souvent une fleur. Libres et isolées, elles sont quelquefois associées et soudées par couples : c'est ce qui a lieu pour la seconde valve des *Graminées*, fig. 13. Elles sont souvent sous forme de lames, mais quelquefois elles sont réduites à la nervure médiane, formant une simple soie, fig. 15, *a*, comme cela a lieu pour quelques *Synanthérées*.

d. Stipules ou feuilles supplémentaires.

STIPULE, fig. 16, 17, 18 et 19, *a*. Expansion foliacée située à la base de certaines feuilles, quelquefois réduite à la nervure médiane, libre ou soudée en gaîne bordant un nœud vital et d'où naît parfois, à son aisselle, un bourgeon.

NOMS DES EXEMPLES CHOISIS.

Fig. 1, *Potamogeton natans* ; 2, *Evonymus Europæus* ; 3, *Pyrus communis* ; 4, *Populus Virginiana* ; 5, 6, 7, 8 et 9, figures théoriques de

---

(1) Turpin a sans doute voulu dire que la feuille est aux bourgeons ce que sont les tuniques à l'embryon et le péricarpe aux graines. (Ch. Fd.)

(2) Pour les lois de la composition des feuilles, voir notre Mémoire intitulé : *Étude comparée des feuilles dans les trois grands embranchements végétaux*. (Ch. Fd.)

l'extension, de la division et de la composition des feuilles ; 10, *Ombelli-fère* ; 11, *Quercus coccifera* ; 12, *Salvia sclarea* ; 13, *Graminée* ; 14, *Rud-beckia amplexicaulis* ; 15, *Cynara scolymus* ; 16, *Rosa canina* ; 17, *Arto-carpus incisa* ; 18, *Rubiacée* ; 19, *Melianthus major*.

DES TROIS MOYENS DE REPRODUCTION DES VÉGÉTAUX COMPOSÉS.

A. SYSTÈME SUPÉRIEUR.

PREMIER MOYEN. *Par les points vitaux* ou *bourgeons latents*, fig. 1. Ces corps reproducteurs ne se développent que par des causes inattendues et forment les *bourgeons adventifs*. Visibles dans les végétaux simples qui ne possèdent que ce mode de reproduction, ils sont invisibles, quoique existant, dans ceux qui ont des nœuds vitaux et des sexes. Ils sont nus, épars et nichés dans toutes les parties du tissu cellulaire vivant du végé-tal ; fertiles sans fécondation et pouvant se développer en scion, en épine ou en fleur. Ce sont eux qui forment les nombreuses ramilles de certains végétaux, les épines des *Gleditsia*, les fleurs et les fruits des *Cercis sili-quastrum, Theobroma cacao, Crescentia cujete, Artocarpus integrifolia*, etc., qui s'échappent sans ordre de tous les points de la vieille écorce.

DEUXIÈME MOYEN. *Par les bourgeons* ou *embryons fixes* (Dupetit-Thouars), fig. 2. Les bourgeons sont des corps reproducteurs non fécondés, nus ou écailleux, ayant les nœuds vitaux pour conceptacles, munis d'écailles dont les extérieures peuvent être regardées comme analogues aux coty-lédons, naissant successivement les uns des autres et formant, par répé-tition, cette agrégation d'êtres qui forment la masse générale des grands végétaux. Ils ne se détachent jamais naturellement du sujet-mère, il faut que la main de l'homme ou un accident les en isole pour qu'ils puissent ailleurs former un nouvel individu.

Presque toujours protégé par la feuille à l'aisselle de laquelle il naît, le bourgeon se compose des systèmes axifère et appendiculaire, et leur dé-veloppement donne lieu à un scion allongé, *a* ; ou à une rosette, *b* ; ou à un scion avorté en épine, *c* ; ou à un bulbe dans quelques liliacées ; ou à une fleur, *d*.

TROISIÈME MOYEN. *Par les graines* ou *embryons libres* (Dupetit-Thouars), fig. 3. Les graines sont lés corps reproducteurs fécondés, tuniqués, rarement nus comme dans l'*Avicennia*, nés de la partie la plus terminale de la plante-mère, vivant par elle jusqu'au moment de la fécondation, époque à laquelle ils s'isolent dans l'intérieur du sac ovulaire, et se nourrissant alors par les pores de toute leur surface, du fluide endospermique, dans lequel ils nagent (1), ces corps reproducteurs se détachent spontanément de la mère et n'appartiennent qu'aux seuls végétaux appendiculaires. Comme ils sont les derniers et les plus importants produits de la végétation, ils sont abrités par plusieurs enveloppes protectrices, telles que les tuniques propres, l'arille, le péricarpe et quelquefois même par certains involucres (Châtaigne).

Germination, fig. *a*, *b*, *c* et *d*, dépendantes de la figure 3. Acte par léquel une graine reprend son mouvement vital et donne naissance à une nouvelle plante. Quelquefois, fig. *b*, les cotylédons restent sous terre, *b'*, s'y flétrissent et se dessèchent près du point où elles ont pris naissance (Capucine, Pois) ; d'autres fois, fig. *a* et *c*, les cotylédons pouvant croître et verdir, s'élèvent au-dessus du sol en formant au-dessus de la ligne médiane un premier mérithalle *c''* et *a'''* (Radis, Haricot).

Tigelle, fig. *c* en *c''* et *d* en *d''*. Premier mérithalle compris entre la ligne médiane et le point où les cotylédons prennent naissance. La tigelle est sous terre dans les cotylédons hypogés ; il ne faut pas la confondre avec l'autre mérithalle, fig. *b* en *b''*, qui sépare les cotylédons *b'* des feuilles *primordiales* *b'''*. Certaines tigelles renflées par un tissu cellulaire abondant et regardées comme des racines, ne sont autres que le premier mérithalle de la partie aérienne (Radis, Navet, etc.).

NOMS DES EXEMPLES CHOISIS.

Fig. 1... 2..., *a*... *b*..., *c*. *Cratægus oxyacantha*; *d*, *Vinea rosea*; 3, *Evonymus Europœus*; *a*, *Alisma plantago*; *b*, *Galega*; *c*, *Raphanus sativus*; *d*, le même, après le renflement de la tigelle.

---

(1) Ces idées sont bien différentes do celles qui sont admises aujourd'hui ; mais, en général, nous avons cru devoir respecter celles du célèbre botaniste afin de lui conserver une propriété de son esprit : son ingénieuse originalité. Au reste, beaucoup de ses idées ont été conservées dans la science. (Ch. Fo.)

B. SYSTÈME INFÉRIEUR.

Le système inférieur des végétaux appendiculaires manque du troisième moyen de reproduction ; il se borne à reproduire au moyen des bourgeons latents et des bourgeons proprement dits.

Fig. 1, Points vitaux ou bourgeons latents ; 2, bourgeons se développant en chevelu.

FLORE MÉDICALE

FLORE MÉDICALE.

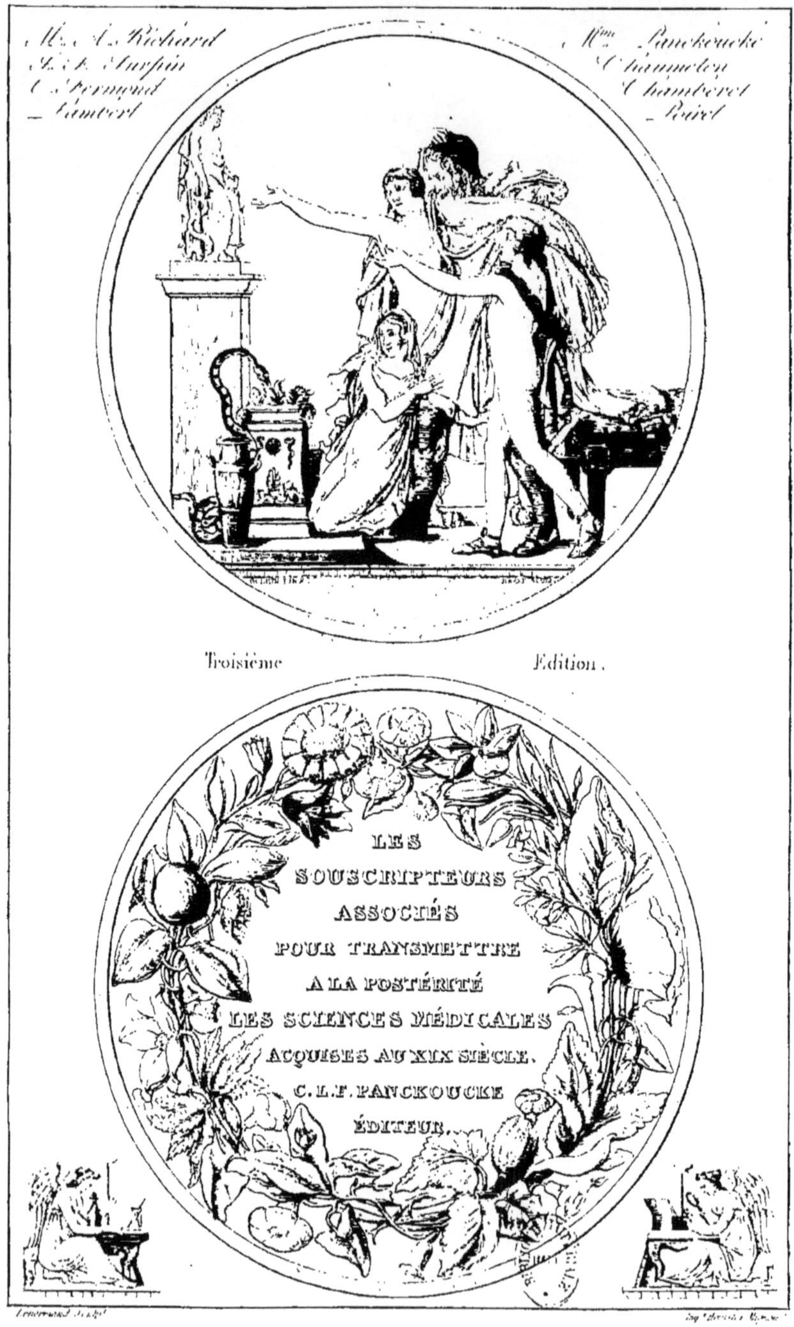

Troisième   Edition.

A Paris chez J. M. Joly, Libraire Editeur.
Rue Serpente N°54.

FLORE
MÉDICALE

ET

ICONOGRAPHIE VÉGÉTALE

PEINTES

Par Mme E. PANCKOUCKE et TURPIN (DE L'INSTITUT)

DÉCRITES

Par MM. CHAMBERET, CHAUMETON, FERMOND, POIRET
ET **ACH. RICHARD** (DE L'INSTITUT)

TROISIÈME ÉDITION

TOME QUATRIÈME

PARIS

EDITION DE C.-L.-F. PANCKOUCKE

CHEZ J.-M. JOLY, LIBRAIRE-ÉDITEUR

34, RUE SERPENTE, 34

MDCCCLXII

ADONIS annuelle.

ADONIDE ANNUELLE.

Latin	ADONIS ANNUA. ADONIS SYLVESTRIS, FLORE PHŒNICEO, *ejusque foliis longioribus;* Bauhin, Πιναξ, lib. v, sect. III. RANUNCULUS ARVENSIS, FOLIIS CHAMŒMELI, FLORE PHŒNICEO; Tournef., cl. 9, sect. 7, gen. 3. RANUNCULUS ARVENSIS, *foliis chamœmeli, flore citrino;* adonis miniata, Jacq., aust., t. 354. ADONIS ÆSTIVALIS, *floribus pentapetalis, fructibus ovatis. Flores rubri,* Lin, ADONIS AUTUMNALIS, *floribus octopetalis, fructibus sub cylindricus. Flores atro-purpurei,* Lin. *polyandrie polygynie.* Jussieu, *dicotylédones polypétales, hypogynes,* class. XIII, ord. I, famille des renonculacées, tribu des renonculées, sous-tribu des adonidées.
Italien	ADONIDE ESTIVA, ADONIDE AUTUNNALE.
Espagnol	ADONIS DE VERANO, ADONIS DE OTOÑO.
Portugais	ADONIS DE VERAO, ADONIS DE OUTONO.
Français	ADONIDE ANNUELLE, GOUTTE DE SANG, ŒIL DE FAISAN, ADONIS.
Anglais	TALL ADONIS.
Allemand	FELDADONIS, WILDERADONIS, FELDROSCHEN.
Hollandais	ZOMERSCHE ADONIS, BRUINETJES
Danois	SOMMER-ADONIS; MARK-HOST-HAUGE ADONIS.
Suédois	SOMMAR-ADONIS; AKER-HOST-TRAGARDS ADONIS.
Hongrois	KAKAS-VIRAG.

L'adonide est une belle plante herbacée dont la tige, glabre, droite, cylindrique, s'élève à la hauteur de 35 centimètres, et se trouve garnie dans toute sa longueur de feuilles alternes, sous-sessiles : les inférieures, bi ou tripennées; les supérieures multifides, finement découpées et dont les divisions se terminent en une petite pointe. Les feuilles cotylédonaires, opposées, sont lancéolées et en général persistantes, car on les retrouve encore à l'époque de la floraison.

Les fleurs sont élégantes, solitaires et immédiatement terminales ; elles sont régulières, non éperonnées et fleurissent d'ordinaire en juin et juillet. Elles se composent d'un calice à cinq sépales caducs, d'une corolle ayant de cinq à dix pétales oblongs d'une couleur rouge, marqués à leur base d'un onglet noir, luisant, très-court et sans écailles. Les étamines sont en nombre indéfini, plurisériées, non saillantes et d'une couleur noire qui fait un contraste agréable avec celle de la corolle. Elles sont formées d'un filament subulé, un peu élargi à la base et d'une anthère elliptique, très-obtuse, à deux loges, s'ouvrant latéralement par une fente longitudinale et arquée après l'anthèse. Le pistil est constitué par des ovaires nombreux, ascendants, irrégulièrement tétragones, contenant chacun un ovaire suspendu, attaché un peu au-dessus du sommet de l'angle interne. Chacun de ces ovaires

ADONIDE ANNUELLE.

est terminé par un style conique et un peu oblique. Le fruit est composé d'un assez grand nombre de carpelles coriaces, fovéolés, réticulés, disposés en épi sur un réceptacle allongé non filiforme. Chaque carpelle présente sur son bord supérieur une dent saillante, éloignée d'un bec concolore plus ou moins oblique par rapport au bord supérieur.

La racine est annuelle, fusiforme, grêle, pivotante, et d'un gris brunâtre.

Le nom générique de cette belle plante, du grec Ἄδωνις, a été emprunté à la mythologie, et son nom spécifique indique la durée de sa vie. Mais sous le nom d'*Adonis annua*, quelques auteurs ont compris les deux espèces que Linné avait cependant parfaitement distinguées sous les noms d'*Adonis œstivalis* et *Adonis autumnalis*, et de Lamarck et de Candolle, dans leur *Flore française* [1], rangent sous la première spécification quatre variétés distinctes, savoir :

Adonis annua. Mill. Dict. n. 1. Gou. Fl. monsp. 321. Lam. Dict. 1, p. 45.

α. *A. autumnalis*. Lin. spec. 771. Lam. Fl. fr. 3, p. 201. *Adonis miniata*. Jacq. Austr. 4, t. 354.

β. *A. œstivalis*. Linn. spec. 771. Lam. Fl. fr. 3, p. 201. Cam. Epit. 648, ic.

γ. *A. flammea*. Wild. spec. 2, p. 1304. Jacq. Austr. 4, t. 355.

Aujourd'hui ces quatres variétés forment trois espèces distinctes. L'*Adonis annua*, ayant donné lieu à la formation des *A. autumnalis* et *œstivalis*, n'est plus considérée comme espèce particulière. Ces deux dernières espèces ont en effet des caractères assez différents. Ainsi la première a une tige droite et simple, des fleurs d'un rouge vif avec les onglets des pétales noirs, et des carpelles ovales ; tandis que l'*Adonis autumnalis* a une tige divisée en rameaux étalés et portant des feuilles plus larges et plus touffues; ses fleurs sont d'un rouge foncé et marquées de violet à la base des pétales, et les carpelles sont un peu cylindriques, à bord supérieur dépourvu de dent, à bec continuant presque la direction du bord supérieur. D'un autre côté, les pétales de cette dernière espèce sont obovales, concaves et au nombre de huit au moins, pendant que ceux de l'*Adonis œstivalis* sont oblongs, plans, étalés et d'ordinaire au nombre de cinq.

[1] Troisième édition.

ADONIDE ANNUELLE.

On a attribué des propriétés diurétiques à la fleur des adonis; mais il est probable que la crainte d'employer en médecine une renonculacée dont les effets peu étudiés peuvent présenter quelques dangers, en a fait abandonner l'usage. Elles sont, en effet, caustiques et fort dangereuses, puisque les *Adonis capensis et vesicatoria* L. sont employées au cap de Bonne-Espérance pour remplacer les cantharides. Il en est de même de l'*Adonis gracilis*, en Afrique. Les *Adonis æstivalis*, *autumnalis* L. et *anomala* Wal, ont aussi une action vésicante très-marquée; mais, en France, on leur préfère la poudre de cantharides dont les effets sont beaucoup mieux étudiés.

On cultive dans les jardins l'*Adonis vernalis* L. (Adonide printanière) qui donne, en mars et avril, de belles et grandes fleurs de douze à vingt pétales d'un jaune vif, et l'Adonide des Pyrénées (*Adonis Pyrenaica* D. C.) qui est une espèce très-voisine de la précédente.

Ces deux espèces vivaces se cultivent en pleine terre, particulièrement dans celle de bruyère. La multiplication se fait par éclats ou par graines semées de suite en terrine. Elles lèvent au printemps suivant, et, quand elles sont suffisamment fortes, on les repique en pleine terre.

Quant à l'*Adonis capensis*, Lin., que Lamarck a regardé comme devant former un genre à part, et l'*Adonis daucifolia*, Lamarck (*Adonis filia.*, Lin. F. suppl. 271), elles sont loin d'offrir des fleurs aux couleurs éclatantes comme celles que l'on trouve chez les autres espèces de ce genre. Leurs principaux caractères reposent sur la disposition ombelliforme de leurs fleurs; mais tandis que la première espèce présente des feuilles composées, deux fois ternées, assez analogues à celles des clématites, la dernière a des feuilles qui sont bipinnées à folioles linéaires et pinnatifides qui ne sont pas sans quelque ressemblance avec celle de la carotte (*Daucus carota*, Lin.), d'où le nom spécifique que Lamarck lui a donné.

L'*Adonis annua* est, selon toute probalité, d'origine étrangère; mais, selon M. Alph. de Candolle, il est cultivé malgré la volonté de l'homme. Il ne se trouve jamais que dans les cultures, et par conséquent ne se maintient à l'état spontané que par des procédés artificiels. Si l'Angleterre revenait à l'état inculte, ou si, par impossible, cette partie de l'Europe tirait tout son blé de l'étranger, il est probable

ADONIDE ANNUELLE.

qu'il disparaîtrait de cette localité. L'Adonis croît à Zante, dans les
prés (Reut. et Margot, *Fl. Zante*, p. 1). Il a des noms grecs anciens
et modernes (Sibth. ; Fraas, *Syn. Fl. Class.*). D'après cela, il est peut
être originaire de Grèce (*Géog. bot. rais.*, p. 647).

EXPLICATION DE LA PLANCHE. (*La plante est réduite au tiers de sa grandeur naturelle.*) — 1. Fleur
coupée verticalement pour montrer la disposition de toutes les parties. — 2. Pétale séparé et présenté de
façon à faire voir que la tache noire ou violette tranche fortement sur le pétale. — 3. Étamine grossie. —
4. Carpelle grossi pour montrer que sa surface est réticulée. — 5. Fruit coupé verticalement de façon à faire
comprendre la disposition des carpelles et la forme du réceptacle. — 6. Carpelle coupé en deux pour montrer
la disposition de la graine et de l'embryon par rapport au sommet organique du carpelle.

Turpin pinx!   Dien sculp!

ANÉMONE hépatique.

ANÉMONE HÉPATIQUE.

Latin....................	TRIFOLIUM HEPATICUM, *flore simplici, cœruleo*; Bauhin, Hoval, lib. 9, sect. 8. RANUNCULUS TRIDENTATUS, *verus, flore simplici, cœruleo*. Tournef, cl. 6, sect. 7, gen. 3. ANEMONE HEPATICA, *foliis trilobis integerrimis*. Lin, polyandrie polygynie. HEPATICA TRILOBA (Chaix) Jussieu, dicotylédones polypétales hypogynes, cl. 13, ord. 1, famille des renonculacées.
Italien....................	ANEMONE FAGATELLA.
Espagnol................	ANEMONE HEPATICA.
Français.................	HÉPATIQUE, HÉPATIQUE DES JARDINS, HÉPATIQUE TRILOBÉE, TRINITAIRE.
Anglais..................	HEPATICA, Noble liver Wort.
Allemand................	LEBERBLUME, LEBERKRAUT, GULDENKLEE, BLANE HOLZBLUME.
Hollandais...............	LEVERKRUID.
Danois...................	LEVER-URT, ŒDEL-KLEVER, GYLDEN-KLEVER.
Suédois..................	BLASIPPA.

Le genre *Hepatica* a été formé par Dillenius aux dépens du genre *Anémone*. Son nom lui vient du grec Επατιχός, qui s'emploie contre les maladies de foie, parce qu'on attribuait en effet à cette plante la propriété de les guérir.

L'hépatique est une très-jolie petite plante vivace qui appartient aux régions boréales de l'Europe et de l'Amérique et qui, en raison de la précocité et de la beauté de ses fleurs, est cultivée dans presque tous les jardins, soit en touffes, soit surtout en contre-bordures qui produisent le plus charmant effet.

Cette plante, pour ainsi dire acaule, ne s'élève guère à plus d'un décimètre de hauteur. Au sommet d'un corps de racine cylindrique, assez court, mais garni d'un grand nombre de fibres radiculaires brunes, se forme un ou plusieurs bourgeons relativement volumineux, écailleux, du milieu desquels sortent de nombreuses fleurs bleues simples ou doubles qui s'épanouissent en février ou en mars, souvent avant que les feuilles de l'année se soient développées.

Ces feuilles à pétioles velus sont radicales, simples, cordiformes, profondément trilobées, à lobes arrondis et entiers, un peu coriaces, d'un vert luisant, marquées de taches blanchâtres, devenant rougeâtres en vieillissant et pétiolées de façon à venir cacher les fleurs épanouies les dernières. Du collet de la racine sort un pédoncule grêle, pubescent, terminé par une fleur toujours solitaire. Celle-ci est complète, régulière et formée d'un calice à trois sépales ovales, entiers et verts,

ANÉMONE HÉPATIQUE.

que quelques botanistes regardent comme une collerette analogue à celle des anémones. La corolle, qui, dans cette supposition, ne serait qu'un calice, est à 6-9 pétales obovales, rétrécis en onglet à la base et colorés en un bleu céleste le plus riche. L'androcée est constitué par un grand nombre d'étamines hypogynes, disposées sur plusieurs rangs, constituées chacune par un filament subulé, assez allongé et terminé par une anthère ovale à deux loges s'ouvrant par une fente longitudinale. Le gynécée se compose d'ovaires en nombre indéfini réunis en capitule sur un réceptacle sous-arrondi. Chacun d'eux est surmonté par un style court, terminé par un stigmate en tête. Le fruit est formé par la réunion d'un grand nombre de carpelles, monospermes, indéhiscents, toujours verts, conservant encore le style persistant.

On connaît trois variétés de cette belle plante; savoir : celle à *fleur bleue;* celle à *fleur rose* et celle à *fleur blanche.* Toutes trois doublent facilement par la culture. La bleue double est la plus recherchée; ses feuilles sont plus rondes et plus tachées. On les multiplie par éclats faits au printemps ou en octobre, et repiqués en terrains frais et ombragés, ou en semant les graines aussitôt qu'elles peuvent être récoltées.

Cette plante croît spontanément dans les lieux couverts des montagnes de plusieurs contrées de l'Europe. On l'a trouvée dans les environs de Paris, à Villers-Cotterets et à Compiègne. Elle n'est guère employée que comme plante d'agrément. Cependant, on a prétendu qu'elle était propre à faire disparaître les taches de rousseur. On la regarde aussi comme tonique, vulnéraire et astringente.

Le nom d'hépatique a été aussi donné à certaines plantes de familles différentes; ainsi on appelle :

HÉPATIQUE BLANCHE OU NOBLE, le *Parnassia palustris ;*

HÉPATIQUE DES MARAIS OU DORÉE, le *Chrysosplenium oppositifolium;*

HÉPATIQUE DES BOIS OU ÉTOILÉE, l'*Asperula odorata;*

HÉPATIQUE POUR LA RAGE, le *Peltidea canina ;*

Enfin, on nomme encore Hépatiques (*Hepaticæ*) certaines acotylédonées cellulaires formées simplement d'une tige foliacée (*Marchantia, Riccia, Blasia,* etc.)

ANEMONE œil de paon.

ANÉMONE ŒIL DE PAON.

Latin	ANEMONE LATIFOLIA *maxima versicolor* ; Bauh. Πιναξ, lib. 5, sect. 2; Tournef. classe. 6, *rosacées*. ANEMONE PAVONINA. Lam. Dict. 1, p. 166. *A. hortensis* Thore, Iand. 238, non Linné. Polyandrie polygynie. Juss. Dicotylédones polypétales hypogynes, class. XIII, ord. 1, famille des renonculacées.
Français	ANÉMONE ŒIL DE PAON ou simplement ŒIL DE PAON.

Cette belle plante est vivace, herbacée et formée de tiges grêles, velues, qui s'élèvent à la hauteur de 28 à 32 centimètres, et munie, aux deux tiers de sa hauteur, d'une collerette de trois feuilles de grandeur moyenne, dont deux sont très-souvent simples et la troisième un peu incisée.

Les feuilles radicales ou inférieures sont simplement divisées en trois lobes élargis et cunéiformes; dans les autres feuilles, chaque division se trilobe elle-même de façon à former une feuille multifide, inégalement incisée, néanmoins, suivant le principe de la trisection ou *triplasie* que nous avons établi dans notre mémoire sur l'étude comparée des feuilles [1]. Chaque feuille est longuement pétiolée, et le pétiole plus ou moins purpurin. Les feuilles caulinaires paraissent plus simples et sont comme verticillées pour former une collerette à cinq ou six divisions lancéolées, ovales. La fleur, toujours solitaire, belle, très-ouverte, large de 55 millimètres, panachée de rouge et de blanc et assez éloignée de la collerette, fleurit ordinairement en avril. Elle se compose d'un calice de dix à quinze sépales libres, grands et pétaloïdes. Chacun d'eux est lancéolé, pointu, veiné longitudinalement, légèrement velu sur son dos, blanchâtre à sa base et d'une couleur cramoisie, claire et éclatante vers le haut. Ces sépales sont remarquables en cela que les extérieurs sont peu colorés, quelquefois même tout à fait verts, de sorte qu'ils paraissent être le calice de la fleur. Les pétales sont nuls. L'androcée est formé par des étamines en grand nombre, plurisériées, composées chacune d'un filament capillaire ou filiforme, un peu subulé et terminé par une anthère

[1] Ch. Fermond. *Études comparées des feuilles dans les trois grands embranchements végétaux.* Comptes-rendus de l'Institut 1860-1861.

Supplément 3.

ANÉMONE ŒIL DE PAON.

elliptique à deux loges, s'ouvrant latéralement par une fente longitudinale et jamais arquées après l'anthèse.

Le gynécée est constitué par des ovaires aplatis nombreux, très-
rapprochés, en une tête globuleuse, et qui contiennent chacun un ovule
suspendu un peu au-dessous de l'angle interne de la loge. Le style qui
les termine est ascendant, subulé, un peu courbe, garni de papilles
stigmatiques à son bord antérieur. Le gynophore ou réceptacle est
ovoïde et assez développé. Le fruit se compose d'un grand nombre de
carpelles comprimés, sous-coriaces, très-velus, agrégés en un capitule
sphérique. Chaque carpelle est indéhiscent et contient une seule graine
à embryon renversé.

Les racines ou plutôt les tiges souterraines ou rhizomes, sont
grosses, tuberculeuses, vivaces, brunes, garnies de fibres radicales
plus ou moins déliées et de la même couleur.

Cette plante n'est pas employée en médecine; mais les analogies
botaniques font supposer qu'elle participe des propriétés des autres
anémoninées, que l'on sait être toutes âcres et irritantes; appliquées
à l'état récent sur la peau, elles déterminent une vésication assez forte.
Les racines sont fortement purgatives et dangereuses à employer : c'est
sans doute la cause qui fait qu'elles ne sont que peu ou point employées. L'anémone œil de paon, cultivée au jardin du Muséum
seulement depuis la fin du siècle dernier, n'a été jusqu'à ce jour
regardée que comme plante d'agrément. Lamarck la croit originaire du
Levant; mais elle s'est tellement plu dans le midi de la France
qu'aujourd'hui elle y croît spontanément, particulièrement aux environs de Nice, et qu'elle a été trouvée par Thore, dans les vignes de
S.-Pandelon, près Dax.

Le plus grand nombre des anémonées, en raison de la facilité avec
laquelle les étamines se transforment en pétales et surtout de l'éclat de
leurs fleurs, sont cultivées comme plantes d'agrément. On en connaît
aujourd'hui plusieurs variétés doubles, offrant à leur centre des étamines pétaloïdes d'un vert plus ou moins pur. Sa culture est absolument la même que celle de l'*Anemone coronaria*.

FLORE MÉDICALE

FLORE MÉDICALE.

Paris, chez J. M. Joly, Libraire-Éditeur.
Rue Serpente N° 24.

FLORE
MÉDICALE

ET

ICONOGRAPHIE VÉGÉTALE

PEINTES

Par Mᵐᵉ E. PANCKOUCKE et TURPIN (de l'Institut)

DÉCRITES

Par MM. CHAMBERET, CHAUMETON, FERMOND, POIRET
et ACH. RICHARD (de l'Institut)

———

TROISIÈME ÉDITION
TOME CINQUIÈME

PARIS

EDITION DE C.-L.-F. PANCKOUCKE

CHEZ J.-M. JOLY, LIBRAIRE-ÉDITEUR

34, RUE SERPENTE, 34

MDCCCLXII

[illegible]

[illegible]

[illegible]

[illegible]

[illegible]

[illegible]

[illegible]

ANÉMONE des bois.

ANÉMONE DES BOIS.

Latin....................	ANÉMONE NEMOROSA ; *flore majore* ; Bauh., Πιναξ, lib. 5, sect. 2. RANUNCULUS PHRAGMITES ; *albus, vernus.* J. Bauh. 3, p. 412. Tournef. Cl, 6, sect. 7, gen. 3. ANÉMONE NEMOROSA ; *seminibus acutis, foliis incisis, caule unifloro.* Lin. Polyandrie polygynie. Juss. Dicotyledones polypétales hypogynes, famille des renonculacées.
Italien....................	ANEMONE DE BOSCHI.
Espagnol....................	ANEMONE DE BOSQUES.
Français....................	ANÉMONE DES BOIS, SYLVIE, BACINET BLANC, RENONCULE DES BOIS, FAUSSE ANÉMONE PRINTANIÈRE DES FORÊTS.
Anglais....................	WOOD ANEMONE.
Allemand....................	BOSCHANEMONE, WALDANEMONE, MARZBLUME, WINDRÖSCHEN.
Hollandais....................	BOSCHMINNENDE ANEMONE, BOSCH-HAANEVOET.
Danois....................	RUIDWEED, MULDSIPPE.
Suédois....................	HUITSIPPAN.
Hongrois....................	FEJÉR BEREG VIRAG, FEJÉR PIPATS.

L'anémone des bois est une jolie petite plante indigène, herbacée, vivace, qui s'élève à la hauteur de 1 à 2 décimètres, fleurissant d'ordinaire dans le mois d'avril, et qui se trouve en si grande abondance dans quelques bois, que la terre paraît presque partout couverte de ses fleurs blanches et purpurines du plus charmant effet.

Sa racine, ou plutôt sa tige souterraine (rhizome), horizontale, rameuse, de la grosseur d'une petite plume à écrire et d'une couleur noirâtre, émet en dessous les vraies racines, qui sont fibreuses, déliées, un peu ramifiées. Aux extrémités antérieures des ramifications de la souche, ou à sa partie supérieure, se trouvent des bourgeons formés par un petit nombre d'écailles du milieu desquelles s'élève une ou deux feuilles glabres ou pubescentes, composées d'un long pétiole, un peu grêle, terminé par un limbe latéricomposé de cinq folioles souvent un peu unies entre elles à leur base, et qui sont elles-mêmes découpées et dentées. Du même bourgeon sort une hampe grêle, pubescente, s'élevant de moitié environ au-dessus des feuilles et portant, vers les deux tiers supérieurs de sa longueur, un verticille ou collerette de trois feuilles pétiolées, latéricomposées de cinq folioles incisées, pointues, dentées, vertes, molles et presque glabres. La fleur est solitaire, terminale, incomplète, assez grande, blanche et souvent légèrement colorée de rose. Elle est formée par un calice à cinq ou six sépales oblongs, blancs, souvent un peu rougeâtre en dehors ; sa

ANÉMONE DES BOIS.

corolle est nulle; son androcée est composé d'un nombre indéfini d'étamines jaunes, disposées sur plusieurs rangs. Chaque étamine est formée par un filament sub-cylindrique, terminé par une anthère à deux loges s'ouvrant longitudinalement. L'androcée est composé, comme dans les autres anémones, d'un nombre indéfini d'ovaires aplatis, verts, pubescents, étroitement agrégés en un capitule sphérique autour d'un gynophore ovoïde, surmontés d'un style épais, un peu courbe et terminé par un stigmate simple. Chaque ovaire contient un ovule suspendu à l'angle interne de la loge. Le fruit se compose d'un nombre considérable de carpelles comprimés, sous-coriaces agrégés en capitule sphérique, terminés par un bec qui n'est autre que le style persistant. Ces carpelles sont indéhiscents et renferment une graine contenant un embryon renversé.

La sylvie paraît avoir deux variétés, l'une à *fleurs bleues* et l'autre à *fleurs purpurines*. La première, selon M. Dufour, est assez commune dans le département des Landes. Elle se rapproche de l'*Anemone Apennina*, mais elle doit en être distinguée puisque cette dernière ne croît pas spontanément en France (D. C.). La sylvie se plaît dans les bois et le long des haies de presque toute la France, et peut être cultivée comme fleur d'ornement; car la culture en a obtenu une variété double. Elles font, en bordures, un assez bel effet.

De Candolle dit avoir vu à Harlem une plate-bande de sylvies dont toutes les fleurs avaient les ovaires changés en pétales, bien que les étamines fussent restées fertiles.

Cette plante, comme toutes ses congénères, est douée de propriétés actives. Elle a été employée comme cosmétique et en épicarpe pour combattre la fièvre tierce, et Chomel l'a regardée comme propre à combattre la teigne en l'appliquant en cataplasme. M. Swartz en a obtenu un acide, qu'il a nommé *anémonique*, d'une saveur très-âcre et d'une odeur pénétrante. Aujourd'hui, cette plante est complétement abandonnée au point de vue médical.

EXPLICATION DE LA PLANCHE. (*La plante est réduite à la moitié de sa grandeur naturelle.*) — 1. Fleur coupée verticalement par le milieu pour montrer la disposition de toutes ses parties. — 2. Étamine. — 3. Ovaire. — 4. Fruit coupé verticalement pour montrer la position des carpelles autour du réceptacle. — 5. Carpelle détaché du fruit. — 6. Le même fendu longitudinalement et laissant voir la graine et son embryon renversé.

ANÉMONE pulsatille.

ANÉMONE PULSATILLE.

Latin	PULSATILLA FOLIO CRASSIORE ET MAJORE FLORE; C. Bauh. Πιναξ, ib. V, sect. 2. ANEMONE PRATENSIS, With., fl. brit. 498, non Lin. Tournef. Cl. 6, sect. 7, gen. 2. ANEMONE PULSATILLA : *Pedunculo involucrato, petalis rectis, foliis bipinnatis.* Lin., polyandrie polygynie. Juss., dicotylédones, polypétales, hypogynes, fam. des renonculacées.
Italien	PULSATILLA; FIOR DI DONNA.
Espagnol	PULSATILLA.
Portugais	PULSATILLA, PUSATILHA.
Français	PULSATILLE, COQUELÓURDE, COQUERELLES, HERBE-AU-VENT, PASSE-FLEUR, FLEUR DE PASQUES OU DES DAMES.
Anglais	PASQUE FLOWER.
Allemand	KÜKENSCHELLE, OSTERBLUME, WILDMANNSKRAUT.
Hollandais	GEMEENE KEUKENSCHELLE.
Danois	KOEBILDE, OXEÖRE, BLAA VARURT.
Suédois	BACK SIPPA.
Russe	WETRENIZA, POSTREL, SON TRAWA.
Polonais	SASANKA, SARUNKA.
Hongrois	KISSEB LEAMY-KÜKORTSIN, LO-KÜKÖRTS.

La pulsatille est une plante indigène, herbacée, qui s'élève à la hauteur de 25 à 28 centimètres, et qui donne, vers le mois d'avril ou mai une jolie et grande fleur d'une couleur bleue-violette d'un bel effet dans les parterres, et que, par conséquent, on cultive comme plante d'agrément.

Les feuilles de cette plante sont radicales, pétiolées, allongées, *tri-composées* [1], c'est-à-dire deux et trois fois ailées, à découpures fines et pointues, velues et blanchâtres dans leur jeunesse, presque glabres beaucoup plus tard, et entourées, à la base de leurs pétioles, de fibres plus ou moins déliées et pointues, qui sont les vestiges des feuilles de l'année précédente. Sa tige, ou plutôt sa hampe est cylindrique, recouverte d'un duvet blanchâtre un peu lâche, un peu plus haute que les feuilles, nue dans ses trois quarts inférieurs, portant à la base de l'autre quart, ou même plus haut, un involucre ou collerette profondément découpée en lanières velues et étroites. Cette hampe est terminée par une fleur toujours solitaire, incomplète et régulière. Elle est formée d'un calice à six ou sept sépales pétaloïdes, oblongs, lancéolés, étalés, velus en dehors et d'un bleu-violet assez riche. Les étamines en grand nombre, sont plurisériées et composées d'un assez long filet

---

[1] Ch. Fermond. *Études comparées des feuilles* (loc. cit.).

Supplément 5.

ANÉMONE PULSATILLE.

terminé par une anthère elliptique à deux loges, s'ouvrant par une fente longitudinale. Les ovaires sont nombreux, déprimés, velus, surmontés d'un long style terminé par un stigmate simple. Le fruit est constitué par un grand nombre de carpelles velus, indéhiscents, réunis en une tête globuleuse, et terminés en une longue queue plumeuse qui n'est autre que le style qui a persisté. Chacun de ces carpelles contient une seule graine ayant son embryon renversé.

La racine est vivace, fusiforme, pivotante, de la grosseur du petit doigt et d'une couleur noirâtre, présentant au collet un grand nombre de fibres déliées au milieu desquelles se trouvent le bourgeon qui produira les feuilles et les pédoncules floraux.

L'espèce que Lamarck a trouvée dans les montagnes de l'Auvergne et décrite sous le nom d'*Anemone rubra* (Dict., I, p. 163), n'est considérée, par de Candolle, que comme une simple variété de la pulsatille. Haller en a aussi indiqué une autre variété à fleurs blanches. Cette plante croît spontanément sur le bord des bois secs et dans les prés montagneux. On la trouve par touffes sur le bord de quelques bois des environs de Paris, au Vésinet, au bois de Boulogne, etc.

Cette plante a la plus grande analogie de formes et de propriétés avec l'Anémone des prés (*Anemone pratensis*, L.). Elle n'en diffère, en effet, que par sa fleur de moitié plus petite et penchée; par ses sépales très-ouverts et même réfléchis au sommet; par ses pétioles proportionnellement plus longs et par sa hampe striée, sous-anguleuse. Ses propriétés tout à fait analogues les font employer réciproquement l'une ou l'autre. Storck employait l'anémone des prés, tandis que nous employons plutôt aujourd'hui la pulsatille; aussi renvoyons-nous à l'article suivant, pour l'exposition des propriétés de la pulsatille et son usage en médecine. Toutefois, nous ajouterons ici que Rust, qui a préconisé la pulsatille, à l'exemple de Storck, contre l'amaurose, nous a donné les formules d'une *mixture de pulsatille stibiée* et de *pilules* dites *anti-amaurotiques*.

EXPLICATION DE LA PLANCHE. (*La plante est réduite à la moitié de sa grandeur naturelle.*) — 1. Sépale détaché. — 2. Étamine grossie. — 3. Ovaire détaché et grossi. — 4. Fruit entier — 5. Un des carpelles détaché du fruit. — 6. Carpelle coupé verticalement pour montrer la position de l'embryon.

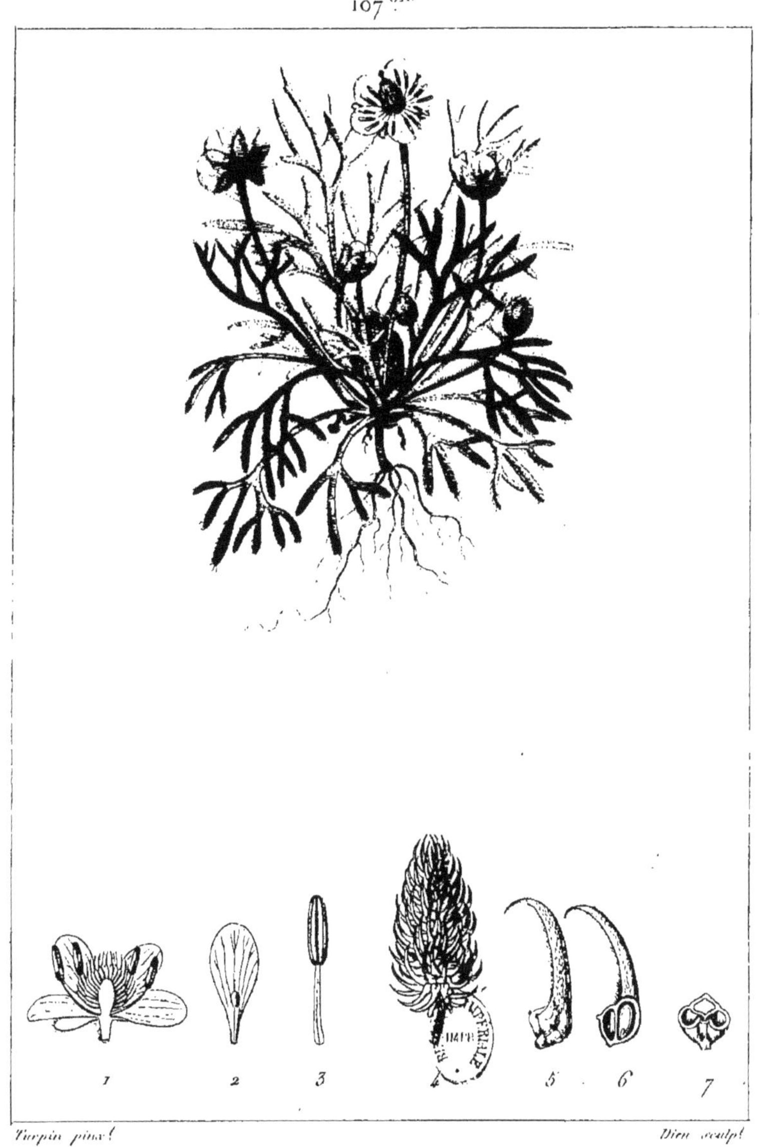

Turpin pinx.t   Dien sculpt.

CÉRATOCÉPHALE falciforme.

CERATOCEPHALE FALCIFORME.

Latin..............
RANUNCULUS TESTICULATUS. Crantz, Stirp. Austras., p. 110.
MELAMPYRUM LUTEUM MINIMUM. Bauhin, Πιναξ, lib. IX, sect. 5.
RANUNCULUS CERATOPHYLLUS, *seminibus falcatis, in spicam adactis*. Tournef. Cl. 6, sect. 7, gen. 8.
RANUNCULUS FALCATUS, *foliis filiformi-ramosis, scapo nudo unifloro, seminibus falcatis*. Lin. Polyandrie polyginie. Juss. Dicotylédones polypétales hypogynes, fam. des Renonculacées.
CERATOCEPHALA SPICATA. Mœnch. Meth. 218.
CERATOCEPHALUS FALCATUS. Pers. Ench. 1, p. 341.

Français..............
RENONCULE EN FAUCILLE.

Le genre *Ceratocephalum*, du grec Κέρας, ατος, corne, et χεφαλή, tête, a été établi par Mœnch (*Meth.*, 213), et révisé par de Candolle (*Syst.*, 1), pour deux espèces annuelles très-petites, qui croissent spontanément dans les endroits stériles et les champs cultivés de l'Europe centrale. Le type de ce petit genre est le *Ranunculus falcatus* L., devenu le *Ceratocephalus falcatus* Pers. qui fait le sujet de cet article.

La plante entière est légèrement pubescente, haute de 5 à 6 centimètres. Elle est formée d'un assez grand nombre de feuilles disposées en rosette radicale ; les inférieures, tri ou quarti-partites ; les supérieures rameuses, divisées en un plus ou moins grand nombre de lanières linéaires, presque palmées, et un peu courtes, entières, inégales, médiocrement velues, souvent plus longues que les hampes. La partie que l'on peut regarder comme le pétiole, à part une légère dilatation à la base, est de même largeur et de même apparence que le limbe, ce qui les a fait désigner par Linné sous le nom de feuilles filiformes rameuses.

De l'aisselle des feuilles naissent des pédoncules ou hampes simples, grêles, pubescentes ou cotonneuses, terminées par une fleur toujours solitaire. Celle-ci est régulière, complète, c'est-à-dire munie d'un calice, d'une corolle, d'un androcée et d'un gynécée.

Le calice est composé de cinq sépales sous-persistants, ovales, pubescents, d'une couleur verte et complétement libres jusqu'à leur base. — La corolle, à peine plus longue que le calice, se compose de cinq pétales d'une couleur jaune assez vive, arrondis au sommet et

CERATOCEPHALE FALCIFORME.

rétrécis à leur base en un onglet surmonté intérieurement d'une fossette nectarifère recouverte par une petite lame pétaloïde qui justifiait sa position parmi les renoncules. — L'androcée est formé d'un nombre variable d'étamines, ordinairement de cinq à quinze, hypogynes et d'une couleur jaune plus foncée que celle de la corolle. Chaque étamine consiste en un filament un peu élargi à sa base et surmonté d'une anthère elliptique à deux loges s'ouvrant par une fente longitudinale. — Le gynécée est constitué par un grand nombre d'ovaires rapprochés en un épi court sur un réceptacle ovoïde. Chaque ovaire est surmonté par un style allongé et recourbé, garni intérieurement de papilles stigmatiques. Le fruit est formé par la réunion d'un grand nombre de carpelles velus, disposés en épi, munis d'un double renflement à leur base, et remarquables chacun par la production d'une pointe relativement volumineuse, très-aiguë, comprimée, allongée et recourbée en faucille, qui a valu à cette plante le nom spécifique qu'elle porte. Chaque carpelle renferme une graine contenant un embryon dressé.

La racine est annuelle, fusiforme, peu volumineuse, presque linéaire, simple ou peu rameuse, et terminée inférieurement par une petite touffe de radicules filiformes et d'une couleur gris brunâtre.

Cette plante croît sur les pelouses, en Espagne, en Italie et dans les champs des provinces méridionales de la France. On l'a trouvée en Provence et en Languedoc, près Montpellier. Nous ne pensons pas que cette plante ait jamais été employée en médecine, mais tout porte à croire qu'elle est douée de propriétés énergiques comme la plupart des renonculacées.

FLORE MÉDICALE

FLORE MÉDICALE.

Paris, chez J. M. Joly, Libraire Éditeur.
Rue Serpente N.º 34

FLORE
MÉDICALE

ET

ICONOGRAPHIE VÉGÉTALE

PEINTES

Par Mme E. PANCKOUCKE et TURPIN (de l'Institut)

DÉCRITES

Par MM. CHAMBERET, CHAUMETON, FERMOND, POIRET
et ACH. RICHARD (de l'Institut)

TROISIÈME ÉDITION

TOME SIXIÈME

PARIS

EDITION DE C.-L.-F. PANCKOUCKE

CHEZ J.-M. JOLY, LIBRAIRE-ÉDITEUR

34, RUE SERPENTE, 34

MDCCCLXII

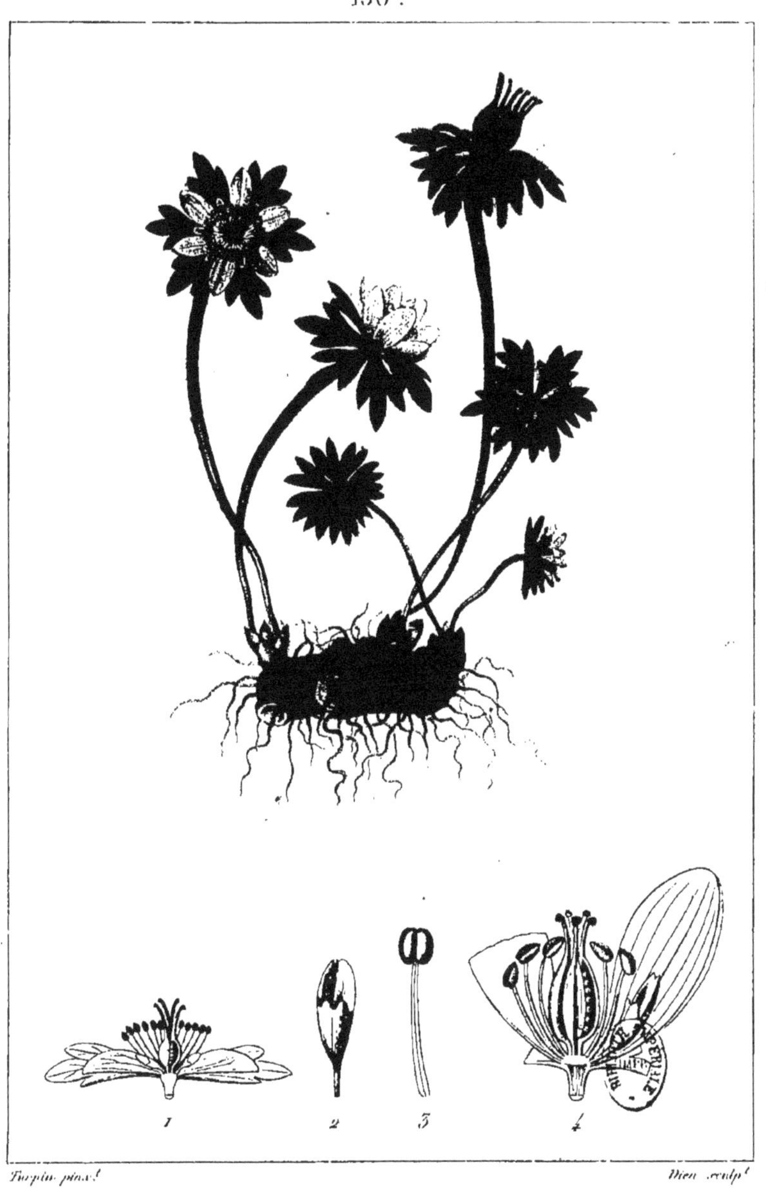

1 2 3 4

Turpin pinx.t   Dien sculp.t

ERANTHE d'hiver.

ERANTHE D'HIVER.

Latin....................	ACONITUM UNIFOLIUM LUTEUM BULBOSUM. Banh., Pinax, lib. V, sect. 4. HELLEBORUS NIGER TUBEROSUS, ranunculi folio, flore luteo. Tournef. Cl. 6, sect. 4, gen. 9. HELLEBORUS MONANTHOS. Mœnch. Meth. 313. HELLEBORUS HYEMALIS, flore folio insidente. Lin. Polyandrie polygynie. ERANTHIS HYEMALIS (Salisbury). Juss. Dicotylédones polypétales hypogynes, fam. des Renonculacées.
Français..............	HELLÉBORE D'HIVER; HELLÉBORE A FLEUR JAUNE; HELLÉBORINE (1); ÉRANTHE D'HIVER.
Allemand.............	WINTERWOLFSKRAUT; CHRISTWURTZ; KNOBLE.
Anglais................	WINTER HELLEBORE.
Hollandais...........	WINTERAKONIET.

Le genre *Eranthis*, du grec Ἔαρ, printemps, et Ἄνθος, fleur, a été créé par Salisbury [2] aux dépens du genre *Helleborus*, et ne contient que deux petites espèces : les *Eranthis hiemalis* et *sibirica*.

L'Eranthe d'hiver est une plante indigène, vivace, glabre dans toutes ses parties, à peine haute de 10 centimètres, et qui fleurit dans les premiers jours du printemps.

Les feuilles sont radicales, longuement pétiolées, arrondies, sous-peltées, divisées presque jusqu'à la base en 5 ou 7 lobes en forme de coin, chacun d'eux étant à son tour divisé en 2, 3 ou 4 lobes plus ou moins profonds. Les hampes ou pédoncules sont beaucoup plus élevées que les feuilles, et toujours terminées par une collerette de 2 à 3 feuilles verticillées, le plus souvent trilobées, sur laquelle est immédiatement assise une seule fleur jaune un peu odorante. Celle-ci se compose d'un calice à 5 ou 8 sépales pétaloïdes, grands, oblongs, jaunes et caducs; d'une corolle de 5-8 pétales, petits, jaunes, tubuleux et sous-bilabiés, à lobe extérieur plus grand et un peu échancré à son sommet. L'androcée est constitué par un grand nombre d'étamines exsérées en plusieurs rangs sur un réceptacle convexe. Chacune d'elles est formée d'un long filament portant à son sommet une anthère sous cordiforme à 2 loges s'ouvrant par une fente longitudinale. Le gynécée est formé de 5 à 8 ovaires sur-

---

[1] Il importe de ne pas confondre cette plante avec celles d'un autre genre que l'on a nommées *Helléborines* (Serapias) et qui appartiennent à la famille des orchidées.

[2] Trans. lin. 8, p. 303.

ERANTHE D'HIVER.

monté d'un style un peu incurvé en dehors et terminé par un stigmate sous-globuleux. Le fruit consiste en 5 ou 8 follicules libres, stipités, oblongs, comprimés, dressés, glabres, terminé par le style persistant, s'ouvrant par une suture interne et contenant chacun un nombre variable de semences, sous-arrondies et disposées en série simple.

La racine est tuberculeuse, ou plutôt elle est formée par une tige souterraine ou rhizome ovoïde, horizontale, noirâtre, émettant en dessous, et sur les côtés, un certain nombre de fibres menues, simples ou peu rameuses, et en dessus plusieurs bourgeons écailleux, desquels sortiront les feuilles et les fleurs.

L'*Eranthis hiemalis* passe pour être très-âcre, et, selon quelques auteurs, quand on mâche ses fleurs, il survient dans la bouche une vive inflammation. On regarde son bulbe comme un violent purgatif.

L'Eranthe d'hiver croît spontanément dans les montagnes de l'Europe centrale, et ne tarde pas à paraître après la fonte de la glace et des neiges qui les couronnent souvent. M. Alph. Decandolle pense qu'il n'est pas encore bien spontané, d'après les informations de M. Watson (*Cybèle*, I, p. 193; III, p. 376), mais qu'il a une disposition à se naturaliser. Cette plante disparaît entièrement pendant huit mois de l'année : quand on veut la cultiver comme plante d'agrément, il est bon de la mettre dans des pots enterrés, avec le soin de mettre les bourgeons en dessus et de renouveler la terre tous les deux ans. Elle végète parfaitement sous les arbres, dans les bosquets et dans les endroits humides, et se sème d'elle-même. On l'a trouvée en France, au pied du Jura, des Alpes; en Provence; dans les Vosges; dans les bois de la Queue-en-Brie; à la Boische; à Saint-Denis-en-Val, près d'Orléans; dans le bois du parc de Denainvillers, en Beauce; aux environs de Turin et de Monrégal.

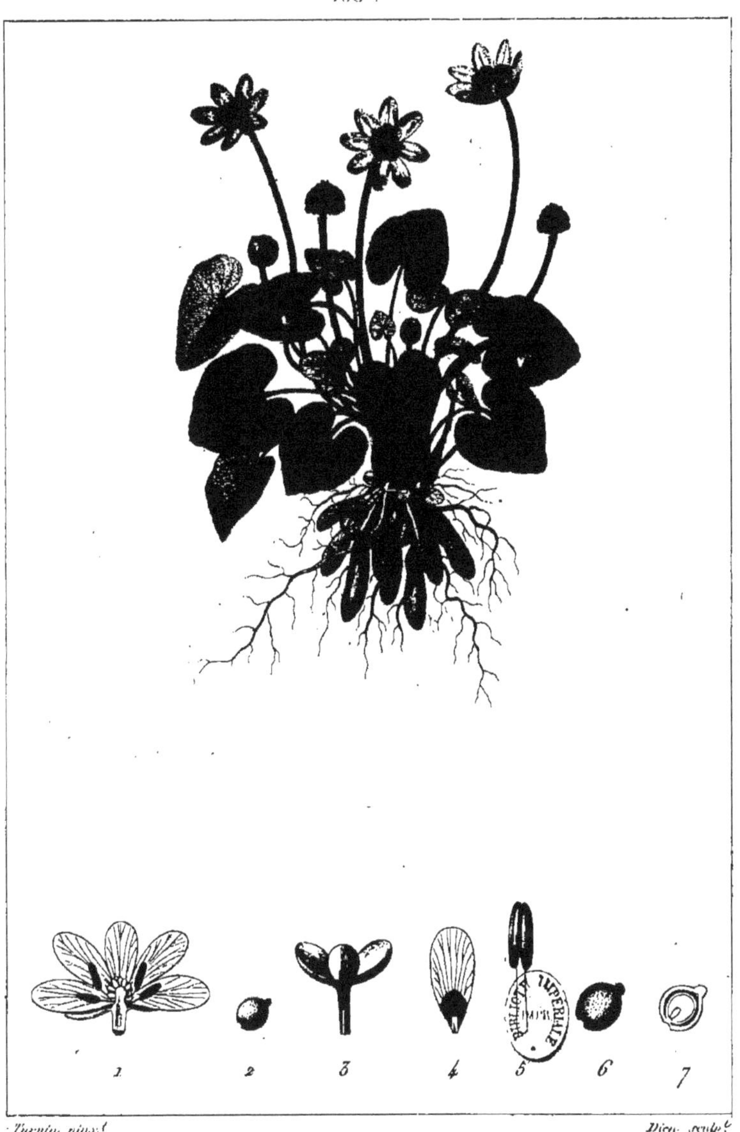

Turpin pinx.t   Dien sculp.t

FICAIRE renonculaire.

CLXV bis.

FICAIRE RENONCULAIRE.

Grec...................	A'ρια Theop. Hist. VII, 8.
	Χελιδόνιον το μιχρὸν. Diosc. II, 212.
	FICARIA ; Dillen. Haller, Helv., n° 1161.
	CHELIDONIA ROTUNDIFOLIA MINOR; Bauhin, Πιναξ, lib. VIII; sect. 3.
	RANUNCULUS VERNUS, *rotundifolius minor ;* Tournef. Cl. 6, sect. 7, gen. 3.
Latin...................	RANUNCULUS FICARIA : *foliis cordalis, angulatis, petiolatis, caule unifloro.* Linné.
	Polyandrie polygynie. Juss. dicotylédones polypétales hypogynes, fam. des Renonculacées.
	FICARIA RANUNCULOÏDES. Roth. Germ. I, p. 241, II. 622.
Français................	PETITE ÉCLAIRE, ÉCLAIRETTE, FICAIRE, PETITE CHÉLIDOINE, HERBES AUX HÉMOR-RHOÏDES.
Anglais................	PILE WORT.
Allemand................	FEIGWARZENKRAUT.
Hollandais................	SPEENKRUID.

Le genre *Ficaria* [1] a été établi par Dillenius et est caractérisé par un calice à trois folioles caduques, une corolle à huit, neuf pétales, munis à leur base d'une petite écaille, et des carpelles nombreux, comprimés obtus.

La Ficaire est une plante herbacée, vivace, indigène, qui s'élève généralement à la hauteur de 1 à 2 décimètres, et qui fleurit d'ordinaire en mars et avril.

Cette plante se présente sous deux aspects un peu différents : tantôt elle ne porte que des feuilles radicales et des hampes florales ; dans ce cas, toutes les feuilles sont *pétiolées* ; tantôt elle présente de véritables tiges, lisses, couchées, rampantes, offrant trois ou quatre entre-nœuds desquels partent d'autres feuilles *sessiles* et souvent des pédoncules uniflores. Dans tous les cas, les feuilles sont nombreuses, cordiformes, arrondies au sommet, quelquefois un peu anguleuses ou légèrement lobées, un peu charnues, d'un vert foncé, glabres, luisantes et marquées de petites veines formant un réseau qui n'est pas sans élégance. Les pétioles sont longs, comprimés, élargis, un peu canaliculés, dilatés à leur base en une membrane vaginale. Les fleurs, toujours solitaires et terminales, sont complètes et régulières, jaunes, assez grandes, et portées par de longs pédoncules axillaires, striés. — Le calice est à trois sépales sous-pétaloïdes,

---

[1] Le mot *Ficaria* vient du mot latin *Ficus* et a été donné à ce genre à cause des petits tubercules qui accompagnent les racines de la Ficaire, ou bien parce qu'elle a pu être observée dans les lieux plantés de figuiers, lieux que les latins nommaient *Ficariæ.*

Supplément 8.

oblong, obtus, concaves et caducs. — La corolle est composée de sept à neuf pétales d'un beau jaune d'or, luisants, oblongs, obtus, un peu verdâtres à leur face inférieure et ouverts en étoile. Chacun d'eux est muni, à sa base interne, d'une fossette nectarifère recouverte par une petite écaille. — L'androcée est constitué par un assez grand nombre d'étamines disposées sur plusieurs rangs autour d'un réceptacle cylindrique; chacune d'elles à filament assez court, relativement épais, très-souvent jaune et terminé par une anthère dressée, oblongue, échancrée à la base et au sommet, à deux loges s'ouvrant par une fente longitudinale. — Le gynécée est formé par un grand nombre d'ovaires couronnés par un stigmate simple sous-sessile. — Le fruit est composé d'un grand nombre de carpelles, lisses, ovales, convexes, monospermes, indéhiscents et disposés en capitule globuleux.

La partie souterraine de la plante se compose de tubercules plus ou moins oblongs ou arrondis, blanchâtres, charnus et réunis en faisceaux, entremêlés de vraies racines fibrilleuses, plus allongées, cylindriques, ondulées, un peu rameuses et également blanchâtres.

Lorsque la branche produit de véritables tiges, il n'est pas rare de voir se former à l'aisselle des feuilles caulinaires, indépendamment des bourgeons floraux, un ou plusieurs bourgeons qui ne tardent pas à revêtir les caractères des bulbilles qui peuvent servir de moyen de propagation de la plante.

Aucune des parties de la plante ne paraît posséder le principe âcre et vénéneux que l'on rencontre dans les espèces du genre *Ranunculus*, ce qui tend encore à justifier la séparation de cette plante des Renoncules. En effet, quoique son eau distillée soit, dit-on, très-âcre, cependant cette plante a été employée comme potagère, soit que la coction lui fasse perdre son âcreté, soit que toutes jeunes les pousses et les jeunes feuilles ne possèdent aucune âcreté, car il paraît qu'elles sont fréquemment mangées en salade dans le Nord de l'Europe. Peut-être la température n'est-elle pas sans influence sur la formation du principe âcre. Néanmoins, sous le climat de Paris, on peut mâcher les feuilles ou les tubercules sans éprouver le moindre sentiment d'âcreté; mais, comme quelques auteurs ont écrit que les tubercules étaient très-âcres et vénéneux, ce ne serait donc qu'avec une certaine défiance que l'on devrait chercher à les faire servir à l'alimentation.

FICAIRE RENONCULAIRE.

Quoi qu'il en soit, on a quelquefois employé la Ficaire en médecine. Les feuilles pilées servaient à faire des fomentations ou des cataplasmes; son suc, mêlé à du beurre frais, était recommandé pour apaiser les douleurs hémorrhoïdales. Elles passaient pour être résolutives et antistrumeuses; aussi le *Codex medicamentarius* (1818) la fait-il figurer au nombre des plantes usitées en médecine. Aujourd'hui elle est complétement abandonnée, et très-probablement avec raison.

On cultive dans les jardins, à une exposition ombragée et fraîche, une variété à fleur double qui fait un assez bel effet en bordures. Au reste, la multiplication est des plus faciles, soit par ses graines, soit par éclats, soit par les tubercules ou par les bulbilles qui naissent à l'aisselle des feuilles caulinaires. Ces bulbilles se forment si facilement que nous en avons trouvé qui s'étaient développés sur quelques feuilles étalées sur la terre.

Selon M. Alph. de Candolle, le *Ficaria ranunculoïdes*, qui est une plante à moitié aquatique, puisqu'elle croît dans les terrains marécageux ou fort humides, est, comme les plantes aquatiques, susceptible d'une grande extension au point de vue des pays différents où il peut croître, et doit par conséquent se retrouver dans une foule de pays autres que la France.

EXPLICATION DE LA PLANCHE. (*La plante est réduite à la moitié de sa grandeur naturelle.*) — 1. Fleur coupée verticalement par le milieu afin de faire voir comment toutes les parties sont disposées. — 2. Ovaire. — 3. Calice à trois sépales concaves. — 4. Pétale détaché présentant un onglet et une écaille à la base. — 5. Étamine grossie, vue par sa face ventrale. — 6. Carpelle grossi à son état de maturité. — 7. Le même coupé par le milieu pour montrer la position de l'embryon.

GOUET commun.

GOUET COMMUN.

Grec....................	Ἄρον μέγα Hippoc. Morb. III, 490.
Latin...................	ARUM MACULATUM ; *maculis candidis vel nigris* ⎰ Bauh. Πίναξ. lib. V, sect. 6. ARUM VULGARE *non maculatum* ⎱ Tournef. Cl. 3. sect. 1, gen. 1. ARUM MACULATUM : *foliis radicalibus hastato-sagittatis, lobis deflexis, spadice clavato, spatha breviore.* Lin. Gynandrie polyandrie. Juss. Monocotylédones hypogynes, famille des Aroïdées. ARUM VULGARE. Lmk. Fl. franç. III, 537.
Italien.................	ARO ; JARO ; GICARO ; GICHERO ; PIE VITELLINO ; BARBAARON.
Espagnol...............	ARO ; ARO MANCHADO.
Français...............	ARUM TACHETÉ ; ARUM ; GOUET (1) ; PIED-DE-VEAU ; PIED-DE-LIÈVRE ; PICOTIN VAQUETTE ; GIRON ; AMIDONNIÈRE.
Anglais................	ARON, WAKE ROBIN ; CUCKOW PINT.
Allemand...............	AARONS WURZEL ; AARONSSTAB ; KALBFUSS.
Hollandais.............	GEVLEKTE KALFSVOET ; ARON.
Polonais...............	ARONOWA BRODA.
Suédois................	DANSK INGEFOERA.
Danois.................	DANSK INGEFER.

Cette plante, très-commune dans les bois, les haies et les lieux couverts de la France, croît aussi dans une foule de pays, particulièrement en Allemagne et dans les parties tempérées et méridionales de l'Europe. Il en a été fait une description exacte et détaillée à l'article *Arum*, à la suite de la planche 41 de cette Flore ; mais comme Turpin y avait constaté certains défauts d'exécution, il l'a refaite avec plus de soin, et c'est cette nouvelle gravure qui nous a fourni l'occasion de cet article, qui complétera d'ailleurs celui des *Arum*. Nous n'avons donc que fort peu de choses à dire sur la description de cette plante, renvoyant pour le reste au texte cité.

Sous le nom d'*Arum vulgare*, les botanistes comprennent aujourd'hui deux plantes, que Bauhin, dans son *Pinax theatri botanici*, a distingués par les noms désignés en tête de cet article, distinction qui avait aussi été faite par Tournefort. Linné les a également distingués, mais simplement comme variétés, sous les noms de *Arum maculatum*, var. α et var. β (Species 1370). Cet exemple a été suivi par la plupart des botanistes, qui les différencient de la manière suivante :

1. De γονυ, genou, à cause de la forme de sa racine au point où la tige devient verticale.
Supplément 9.

GOUET COMMUN.

1. ARUM VULGARE, *foliis radicalibus hastato-sagittatis, petiolis basi vaginatis; spadice cylindrico purpurascente, baccis rubris, ovato-subglobosis.* C'est l'*Arum maculatum*, var. α de Linné.

2. ARUM MACULATUM, *foliis radicalibus hastato-obtusis, nigro maculatis.* C'est l'*Arum maculatum*, var. β de Linné.

Ces deux variétés sont actuellement abandonnées comme médicament. Dans quelques pays, particulièrement dans les îles de Portland, on prépare avec la racine, qui est très-amylacée, une fécule analogue à l'arrow-root. Quelques personnes s'en servent en guise de savon, pour blanchir le linge, et cette propriété, jointe à l'âcreté qu'elle possède, nous fait supposer qu'elle pourrait bien contenir un principe analogue à celui qui donne à l'écorce de Panama (*Sapindus divaricatus* ou *Quillaja saponaria*), la propriété de faire mousser l'eau et de blanchir le linge, principe que l'on a nommé pour cette raison, *saponine*, et qui se rencontre encore dans la racine de saponaire d'Orient (*Gypsophylla struthium*); le yalhoy (*Monnina polystachia*); la nielle des blés (*Agrostemma githago*), et quelques autres plantes.

C'est sur cette plante que Senebier a fait la curieuse observation que, pendant l'époque de la fécondation, la chaleur du spadice s'élève de 6 à 7 degrés : l'air ambiant étant à 14°,9, il a vu la température monter jusqu'à 21°,8. Cette augmentation de chaleur commence entre trois et quatre heures de l'après-midi et atteint son maximum entre six et huit heures du soir ; et comme pendant ce phénomène le spadice noircit, Senebier en conclut qu'il se fait alors une combinaison entre l'oxygène de l'air et le carbone de la plante.

Les *Arum arizarum*, *triphyllum*, et *dracunculus* sont doués de propriétés analogues, mais peut-être un peu moins prononcées. Les habitants des Antilles mangent dans la soupe les feuilles du *chou caraïbe*, qui n'est autre que l'*Arum sagittifolium*, appartenant au genre *Caladium*.

Aux États-Unis, on emploie fréquemment à l'état frais la racine de l'*Arum triphyllum*, connu sous le nom de *Dragon root*, *Indian turnip*, *Wake-Robin*. C'est qu'en effet ce tubercule frais contient un suc dont l'extrême âcreté disparaît par la dessiccation ou la chaleur, et qu'il peut être conservé frais pendant une année entière, quand on a soin de l'enfouir dans du sable. Frais à l'état de pulpe, on l'applique à

GOUET COMMUN.

l'extérieur comme rubéfiant. A l'intérieur, on l'emploie contre l'asthme, le rhumatisme, la cachexie, le catarrhe chronique. On l'administre à la dose de 50 centigrammes, mêlé au sucre ou à la gomme. On en fait une sorte d'émulsion et une teinture. On l'a surtout très-apprécié, dans ces derniers temps, pour combattre la phthisie pulmonaire.

L'Arum des Antilles, *Arum* ou *Caladium seguinum*, *Dieffenbachia seguina*, appelé *Dumb Cane* dans les Indes occidentales, est une plante dont la tige ligneuse, haute de $0^m,70$ à $1^m,00$, est terminée par des feuilles ovales, ce qui lui donne le port du bananier. Elle exhale une odeur très-fétide; son suc corrosif et vénéneux est, dit-on, employé en fomentation comme diurétique et antigoutteux.

Enfin nous signalerons encore ici l'*Arum æthiopicum Calla* ou *Richardia æthiopica*, Schott, qui, contrairement à la précédente, donne des fleurs réunies en spadice jaune, entouré d'une spathe blanche, évasée en cornet et d'une odeur très-agréable. Quelquefois cette spathe se triple, ce qui augmente la beauté de la fleur.

Cette espèce présente une variété plus petite, que l'on nomme : *Richardia æthiopica minor*.

EXPLICATION DE LA PLANCHE. (*La plante est réduite au tiers de sa grandeur naturelle.*) — A. plante entière composée d'une feuille et d'une fleur; B. spadice de la fleur formé en haut par le chaton qui se trouve élevé sur une sorte de pédicelle; au-dessous sont les filaments cirrhiformes ou étamines transformées en glandes; plus bas les étamines fertiles situées au-dessus des ovaires; C. fruit entier arrivé à sa maturité. — 1. Étamine grossie constituée par une anthère sessile à deux loges. — 2. Ovaire grossi terminé par une petite houppe stigmatique. — 3. Coupe longitudinale du même pour montrer la disposition des ovules. — 4. Fruit de grosseur naturelle arrivé à maturité. — 5. Le même coupé longitudinalement pour montrer la position des graines. — 6. Graine coupée longitudinalement pour faire voir la position de l'embryon dans le périsperme.

FLORE MÉDICALE

FLORE MÉDICALE.

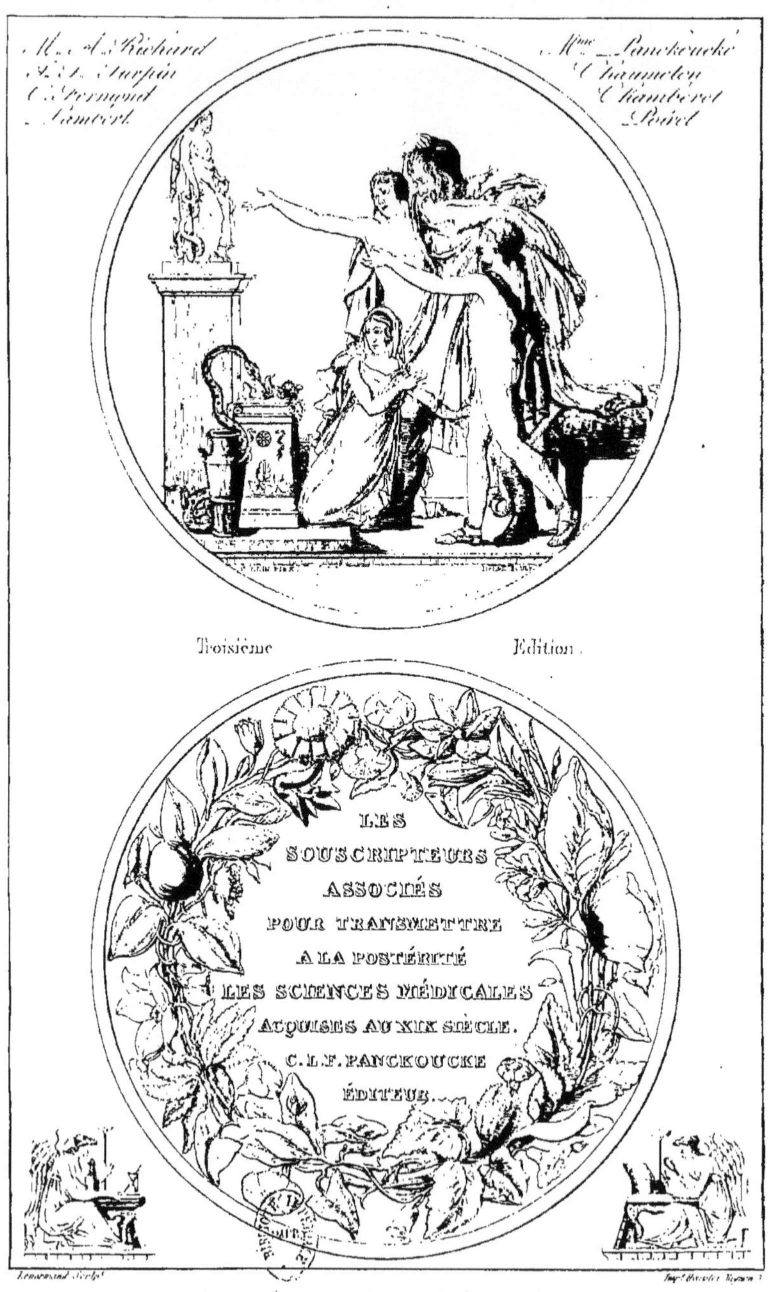

FLORE
MÉDICALE

ET

ICONOGRAPHIE VÉGÉTALE

PEINTES

Par Mme E. PANCKOUCKE et TURPIN (de l'Institut)

DÉCRITES

Par MM. CHAMBERET, CHAUMETON, FERMOND, POIRET
et ACH. RICHARD (de l'Institut)

TROISIÈME ÉDITION

TOME SEPTIÈME

PARIS

ÉDITION DE C.-L.-F. PANCKOUCKE

CHEZ J.-M. JOLY, LIBRAIRE-ÉDITEUR

34, RUE SERPENTE, 34

MDCCCLXII

HELLÉBORE noir.

CXCII BIS.

HELLÉBORE NOIR.

———

Latin..................	HELLEBORUS NIGER *flore roseo;* Baubin, Πιναξ, lib. 5, sect. 4.
	HELLEBORUS NIGER *angustioribus foliis;* Tournef. Cl. 6, sect. 4, gen. 9.
	HELLEBORUS NIGER : *scapo subbifloro, subnudo, foliis pedatis.* Lin. Polyandrie Polygynie. Juss. Dicotylédones polypétales hypogynes; famille des Renonculacées.
Italien..................	ELLEBORO NERO, ROCCA.
Espagnol et l'ortugais....	YERBA DE BALLESTERO, ELEBORO NEGRO.
Français..................	HELLÉBORE A FLEURS ROSES, HELLÉBORE NOIR, ROSE DE NOEL, ROSE D'HIVER.
Anglais..................	BLACK ELLEBORE, CHRIST MASS ROSE.
Allemand	SCHWARZE NIESWURZ, WEIHNACHTS ROSE, FEUERWURZ, ALRÖSCHEN.
Hollandais	ZWART NIESKRUID, MAAKRUID, HERSSENKRUID.
Danois..................	SCHORT NYSEROD.
Suédois..................	SCHWART PRUSTROT.
Polonais..................	CZERNA CIEMIERZYCA.
Russe..................	TSCHERNAIA, TSCHENERITZA.
Dukanais..................	KALIKUTKIE.
Hindou..................	KALIKOOTHIE.
Persan..................	KHERDECK SIYA.
Sanscrit..................	KATUROHINI.
Tamoul..................	KADAGAROGANIE.
Tellinga..................	KATUGAROGANIE.
Turc..................	KARA TCHOPLEME.

Le genre *Helleborus*, dont le nom parait tiré du grec Ἑλεῖν, faire périr, et Βορα, nourriture (nourriture mortelle), a été établi par Adanson. Aujourd'hui il ne comprend plus toutes les espèces admises par Linné, car Salisbury en a détaché les genres *Eranthis* et *Coptis*.

L'Hellébore noir est une plante vivace qui s'élève à la hauteur de 20 à 30 centimètres. Ses fleurs sont grandes, d'un blanc légèrement rosé à l'intérieur, plus roses à l'extérieur et s'épanouissent au milieu de l'hiver, circonstances qui lui ont valu le nom de *Rose de Noël*.

Sa racine est constituée par une souche souterraine (Rhizome), sous-cylindrique, un peu toruleuse, sous-rameuse, grosse et longue comme le doigt, noire à l'extérieur, grise ou rougeâtre à l'intérieur. De cette souche partent plusieurs fibres filiformes, noires aussi, et qui sont les vraies racines, lesquelles souvent sont hérissées d'un duvet brunâtre. Ce Rhizome émet de sa partie antérieure un bourgeon constitué par des écailles membraneuses, du milieu duquel sortent une hampe et des feuilles radicales. Celles-ci sont formées par un pétiole allongé, épais, rigide, lisse, nuancé de rougeâtre, terminé par un limbe *latéricomposé* [1], c'est-à-dire formé de 7 ou 9 folioles, disposées latéralement les unes à côté des autres. C'est à cette disposition

[1] Ch. Fermond. *Études comparées des feuilles,* etc.

HELLÉBORE NOIR.

que les botanistes ont donné les noms de *pédalée, digitée, palma-
tiséquée, pédatiséquée.* Chacune des folioles est oblongue, dentée en
scie, pointue, glabre, coriace et d'une couleur vert sombre. La hampe
est épaisse, dressée, cylindrique, lisse, tachetée de pourpre et terminée par une ou deux fleurs, placées chacune au-dessus de deux
bractées souvent opposés, d'un vert plus pâle que les feuilles,
oblongues ou sous-cordiformes, quelquefois trilobées,

Les fleurs sont complètes, régulières, et formées d'un *calice* à cinq
ou six sépales pétaloïdes, légèrement rosés à l'intérieur, plus roses à
l'extérieur, grands et persistants ; d'une *corolle* de huit à dix pétales
deux fois plus courts que les sépales ; ces pétales sont infundibuli-
formes, d'une couleur verte, rétrécis inférieurement en un onglet
sous-cylindrique et terminé supérieurement par un orifice bilabié.

L'*androcée* est constitué par un nombre indéfini d'étamines disposées en plusieurs rangs sur un réceptacle ovoïde. Chaque étamine
se compose d'un long filament blanchâtre, cylindrique, terminé par
une anthère, ovale, aplatie, jaune et à deux loges s'ouvrant par une
fente longitudinale. Le *gynécée* est formé de cinq à neuf ovaires
attachés au sommet du réceptacle, surmontés d'un style blanchâtre,
légèrement recourbé en dehors et terminé par un stigmate simple.
Le *fruit* résulte de la réunion de cinq à neuf carpelles folliculaires
à parois coriaces, s'ouvrant intérieurement par une suture longitudinale. Les *semences*, sous-arrondies, sont rangées sur deux lignes verticales et attachées le long d'un placentaire ventral.

L'Hellébore noir est indigène ; il croît spontanément dans les lieux
frais, pierreux et ombragés des montagnes : dans le Val d'Aoste ; aux
environs de Nice et de Montferrat ; dans le Briançonnais ; à Colmar
et Allos, en Provence ; à La Bastide, près Montauban ; dans les
Vosges ; dans l'Auvergne et la Suisse, qui nous fournissent la racine
desséchée.

Cette racine a été analysée par Vauquelin et par Feneulle et Ca-
pron. Elle a fourni à ces chimistes :

(VAUQUELIN).	(FENEULLE ET CAPRON).	
Huile âcre et caustique.	Huile volatile.	Muqueux.
Amidon.	Huile grasse.	Ulmine.
Matière végéto-animale.	Acide volatil.	Gallate de potasse.
Matière extractive.	Matière résineuse.	Gallate acide de chaux.
Sucre (des traces).	Cire.	Sel à base d'ammoniaque.
	Principe amer.	

HELLÉBORE NOIR.

Vauquelin attribue l'activité de la racine à l'huile âcre et caustique qui paraît être un mélange de l'huile grasse et de l'acide volatil de la seconde analyse. Ce qu'il y a de certain, c'est que Vauquelin a vu se séparer de cette huile âcre une matière blanche cristalline qu'il n'a pas étudiée.

La racine de l'Hellébore noir a été employée comme drastique ; elle paraît agir d'une manière secondaire sur le système nerveux, particulièrement sur le cerveau ; c'est pour cela qu'elle a été autrefois employée contre l'hypocondrie, la manie, la folie. Toutefois ce n'est ni cette racine ni celle de l'*Helleborus viridis*, qui se trouve aussi dans le commerce, que les anciens employaient à cet usage, c'est plutôt celle de l'espèce que Tournefort a observée dans le Levant et qu'il a décrite ainsi : *Helleborus niger orientalis folio amplissimo, flore viride,* et qui n'est autre que l'*Helleborus orientalis* de De Candolle, ou *officinalis* de Salisbury. C'est en effet la racine décrite par Pline sous le nom d'*Elleborus niger* [1], et qui était connue des anciens sous les noms de Ελλέβορος μελας (Hipp. Théoph. Dioscoride). C'est la même que les Grecs modernes nomment Σκαρφη, et les Turcs *Zoplème.* Quelques auteurs ont cru devoir attribuer le nom de *Melampodium* [2], à l'*Helleborus niger,* mais il est probable que ce nom appartient plutôt à l'*H. orientalis* qui a aussi porté le nom d'Hellébore noir ; car le nom de *Melampodium* lui vient probablement de ce que, suivant l'histoire, un médecin grec du nom de Μέλαμπυς, qui inventa l'art de purger, aurait guéri avec de l'Hellébore les filles de Prœtus, roi d'Argos, qui étaient devenues folles. Or, il est très-probable que l'Hellébore employé n'était autre que celui d'Orient. Aujourd'hui la racine d'Hellébore noir, à laquelle on substitue souvent celles des *H. viridis* et *fœtidus* [3], ou même quelquefois celles de l'*Actœa spicata,* du *Trollius europœus,* de l'*Aconitum Napellus,* de l'*Adonis apennina,* etc., n'est plus employée que dans la médecine vétérinaire, ou quelquefois contre certaines maladies de la peau. Toutefois les pharmacopées donnent la préparation d'une poudre, d'une teinture, d'un extrait, d'un vin, d'un vinaigre et des

---

[1] Pline XXV, 5.

[2] Roq. *Phytog. méd.* Tabl. 124.

[3] Allioni, dans sa Flore piémontaise, dit que cet Hellébore est moins actif que l'*H. viridis* et surtout que l'*H. fœtidus* qui est excessivement âcre.

HELLÉBORE NOIR.

pilules de Bacher, dans lesquelles on fait entrer l'extrait de la racine. On a aussi employé avec succès la décoction de racine d'Hellébore noir contre la teigne et la galle. Cullen y ajoutait du sulfure de potasse, qui devait encore ajouter à l'action de l'Hellébore. Dans tous les cas, c'est un médicament dangereux, qu'il ne faut employer qu'avec beaucoup de précautions [1].

Bien que la *Flore médicale* contienne déjà une figure assez exacte de l'Hellébore noir, cependant comme elle laissait quelque chose à désirer sous le rapport de certains détails et surtout de l'exactitude des caractères du Rhizome, Turpin, en artiste et botaniste consciencieux, s'est décidé à la refaire et c'est cette nouvelle figure que nous avons cru devoir joindre au supplément de cette flore.

[1] Voir l'article Ellébore noir de cette flore, Pl. 155 (texte), pour plus amples détails sur les propriétés de cette plante.

EXPLICATION DE LA PLANCHE. (*Plante réduite au tiers de sa grandeur naturelle.*)— 1. Fleur coupée verticalement et laissant voir la disposition des parties. — 2. Fleur de laquelle on a enlevé tous les sépales, les pétales et les étamines à l'exception d'un pétale, d'une étamine et du gynécée. Un des carpelles est ouvert pour montrer la disposition des graines dans la loge.

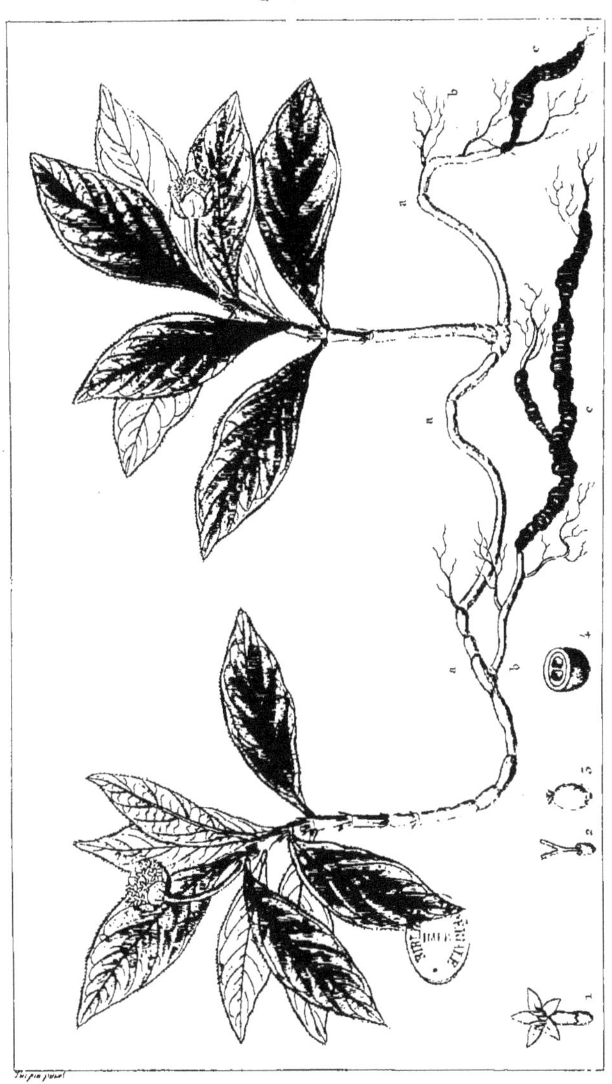

CALLICOCCA ipecacuanha. *(Brotero.)*

IPÉCACUANHAS.

Latin..................	1° CEPHÆLIS IPECACUANHA, Rich.; CALLICOCCA IPECACUANHA, Gomez et Brotero; IPECACUANHA FUSCA, Pison (Ipécacuanha officinal); 2° PSYCHOTRIA EMETICA, Linné (Ipécacuanha strié); 3° RICHARDSONIA (*Richardia* Lin.) BRASILIENSIS, Gomez (Ipécacuanha ondulé).
Allemand...............	BRECHWURZEL.
Anglais................	IPECACUANHA.
Arabe..................	DABAB.
Danois.................	BRAKROD.
Brésilien..............	POYA DO MATO.
Espagnol...............	BEJUQUILLO; IPECACUAN
Polonais...............	IPEKAKUANT.
Portugais..............	RAIS DE ORO; BEXUQUILLO.
Russe..................	RVOTNOI KOREN.
Suédois................	KROKROT.
Hollandais.............	IPECACUANHA.

LE nom d'Ipécacuanha se rapporte aujourd'hui à la racine de trois plantes appartenant à trois genres différents de la famille des Rubiacées, savoir : les genres *Cephælis*, *Psychotria* et *Richardia*, que Gomez a transformé en celui de *Richardsonia*. Guillaume Pison, dans son ouvrage : *De Medicina brasiliensi*, et Margraff, dans son *Historia rerum naturalium Brasiliæ*, ont les premiers (vers 1638) désigné sous le nom d'*Ipécacuanha* une racine vomitive dont ils ont vanté l'efficacité dans un grand nombre de maladies. Mais la description qu'ils donnent de la plante et de la racine ne permet pas de reconnaître quel est certainement le végétal dont ils ont voulu parler. Aussi n'était-il pas rare de trouver sous le nom d'Ipécacuanha des racines fort différentes, qui n'avaient d'autres ressemblances entre elles que des propriétés vomitives plus ou moins prononcées.

Cependant l'Ipécacuanha, apporté en Europe vers l'année 1672, par un médecin nommé Legras, qui le fit vendre par un pharmacien, sous les noms de *Béconquille* et de *Racine* ou de *Mine d'or*, resta pour ainsi dire sans usage jusqu'en 1686, époque à laquelle un marchand étranger en apporta de nouvelles quantités en France. C'est alors qu'il fut employé avec succès comme vomitif et antidyssentérique par un médecin de Reims, nommé Adrien Helvetius; mais l'origine continuait à rester inconnue quand, en 1660, Louis XIV en acheta le secret et fit connaître la nature végétale de ce nouveau médicament.

IPÉCACUANHAS.

La plus profonde obscurité a longtemps régné sur les caractères de la plante qui fournit l'Ipécacuanha. Cependant, dès 1765, Mutis avait envoyé du Pérou une plante à Linné fils, comme étant celle qui produit l'Ipécacuanha. C'est cette plante que MM. de Humboldt et Bonpland ont fort bien figurée dans leurs plantes équinoxiales [1] et qui a reçu de Linné fils le nom de *Psychotria emetica*. Sa racine est assez distincte, comme nous le verrons, de celle du véritable Ipécacuanha. Un peu plus tard, en 1771, Vandelli avait publié, dans son fascicule de plantes [2], sous le nom de *Pombalia ipécacuanha*, la description d'une espèce du genre *Viola*, dont les racines sont usitées à Fernambouc comme vomitives; ce qui avait fait croire que c'était là le véritable Ipécacuanha. Dès-lors on pensa qu'il était produit également par le *Viola itoubou* d'Aublet (*Viola calceolaria*, Lin.), par le *Viola parviflora* de Linné fils, dont la racine, suivant Mutis, est très-usitée au Pérou; en un mot, par toutes les espèces du genre *Viola*, que Ventenat distinguait sous le nom d'*Ionidium*. On sait aujourdhui que ces racines ne constituent que de *faux* Ipécacuanhas.

Bien qu'Aublet eût décrit la véritable plante qui fournit l'Ipécacuanha sous le nom de *Tapogomea violacea* [3], et que Swartz l'ait classée dans son genre *Cephælis* [4], cependant ce ne fut que vers le commencement de ce siècle que l'on apprit que l'Ipécacuanha était la racine du *Cephælis* dont il vient d'être question, et quoique De Candolle [5], Woodville [6], Alibert, dans sa *Matière médicale*, Mérat, et Ach. Richard aient cru devoir attribuer la première bonne figure et la description exacte de ce végétal à Don Félix-Avellar Brotero, professeur de botanique à l'Université de Coïmbre, il paraît pourtant que c'est à Gomez qu'il convient de rapporter tout l'honneur de cette connaissance. En effet, Gomez, dans son Mémoire publié dès 1801, nous fournit des preuves que Brotero s'est attribué à lui-même la connaissance de la plante que Gomez avait nommée *Callicocca*, et qu'il lui avait communiqué, tant en nature que par des figures, que

[1] T. II, p. 142, pl. cxxvi.
[2] Pl. 1, fig. 7.
[3] *Plant. de la Guyane*, t. I, p. 157.
[4] *Nov. gen. et sp. plant.*, p. 45.
[5] *Mém. sur les ip.* (Bull. soc. philom., an 1802, n° 64).
[6] *Mat. méd.*, t. III, p. 562, pl. 203.

IPÉCACUANHAS.

Brotero aurait infidèlement reproduites; ce qui aurait obligé le véritable auteur à publier un dessin plus exact qui accompagne son Mémoire [1].

Aujourd'hui il ne paraît plus exister aucun doute sur les plantes qui fournissent les trois racines portant les noms de : *Ipécacuanha annelé* ou *officinal*, *Ipécacuanha strié* et *Ipécacuanha ondulé*.

Le mot *Ipécacuanha* est composé, selon Auguste de Saint-Hilaire, de quatre mots qui signifient *écorce de plante odorante et rayée* : *ipè*, écorce ; *ca*, plante ; *cua*, odorante ; *nha* (prononcez *gna*), rayée.

IPÉCACUANHA OFFICINAL.

Latin . . . .
IPECACUANHA FUSCA (Pison).
CALLICOCCA IPECACUANHA (Gomez et Brotero).
CÆPHALIS IPÉCACUANHA (Richard), Linné, Pentandrie monogynie; Jussieu, cl. 11, ord. 2, famille des Rubiacées.

Français . . . .   IPÉCACUANHA ANNELÉ, IPÉCACUANHA OFFICINAL OU IPÉCACUANHA GRIS.

L'Ipécacuanha officinal, annelé ou gris, est donc la racine d'une plante de la famille des Rubiacées, qui croît dans les forêts épaisses et ombragées du Brésil. Sa tige, qui est simple, ligneuse, et un peu couchée à sa base, s'élève à la hauteur de 30 centimètres environ ; elle est formée de cinq à huit articulations desquelles naissent des feuilles opposées, décussées, facilement caduques, car lorsque la plante est en fleurs elle ne porte plus que trois ou quatre paires de ces feuilles ; celles-ci, courtement pétiolées, sont simples, ovales, presque glabres, et présentent sur leurs bords périphériques, comme une dentelure fine et serrée de petits poils ; chaque paire de feuille est accompagnée de deux stipules interpétiolaires réunies à leur base, plus persistantes que les feuilles et divisées supérieurement en plusieurs lanières étroites. Les fleurs sont petites, blanches et réunies en un capitule terminal, environné à sa base par quatre feuilles bractéales pubescentes. Chaque fleur se compose d'un calice monosépale à

---

[1] *Memoria sobre a ipecacuanha* . . . . . 1801.

quatre ou cinq dents ; d'une corolle monopétale infundibuliforme, à quatre ou cinq divisions ; de cinq étamines alternes avec les divisions de la corolle ; d'un ovaire constitué par deux carpelles unis entre eux et surmonté d'un seul style terminé par deux divisions stigmatiques. Le fruit est ovoïde, peu charnu, et constitué par deux nucules qui se séparent à l'époque de la maturité.

La partie inférieure de la tige, ou partie descendante, se compose d'une sorte de rhizôme qui donne naissance à une racine fibreuse, un peu traçante, d'une couleur grisâtre, marquée d'impressions circulaires profondes, très-rapprochées et, ayant assez l'apparence d'anneaux ; d'où le nom d'*Ipécacuanha annelé*. C'est cette racine qui constitue la substance médicale, et, selon sa grosseur et sa couleur, elle donne lieu aux trois variétés suivantes établies par les auteurs, savoir :

1º *Ipécacuanha annelé gris noirâtre*, Guibourt ; *Ipécacuanha brun* de Lémery ; *Ipécacuanha gris* ou *annelé* de Mérat ;

2º *Ipécacuanha annelé gris rougeâtre*, Guib. ; *Ipécacuanha gris rouge* de Lémery et de Mérat ;

3º *Ipécacuanha annelé majeur*, Guib. ; *Ipécacuanha gris blanc* de Mérat.

Selon M. Guibourt, il se pourrait que cette dernière racine fût produite par un autre *Cephælis* que le *Cephælis Ipécacuanha*, par la raison qu'il en est quelquefois arrivé des quantités considérables qui n'offraient aucun mélange d'Ipécacuanha gris ordinaire.

Quoi qu'il en soit, au dire de M. Wedell, la plus grande partie de l'Ipécacuanha nous vient aujourd'hui de la province de Matto-Grosso, au Brésil. Ce *Cephælis* y croît à l'ombre des arbres majestueux qui forment les forêts intertropicales, et plus particulièrement dans le sable humide, imprégné de détritus végétaux et qui avoisinent les petits marais, plantés d'ordinaire de *Mauritia*, d'*Iriarta* et de fougères arborescentes. Le plus souvent il croît par touffes, que les arracheurs de *Poaya* ou Ipécacuanha, nommés *poayeros*, désignent sous le nom de *redoleros*. Pour faire cette récolte, le poayero saisit d'une main toute la touffe, et de l'autre il enfonce sous sa base un bâton pointu, auquel il imprime un mouvement de bascule : il en sépare la terre, détache la racine qu'il met dans une gibecière dont il est pourvu, puis va attaquer un autre redolero. Il peut ainsi récolter dans sa journée cinq à six kilos de racine qui, desséchée au soleil, se réduit de moitié environ.

Cette racine est en général longue de 8 à 12 centimètres, de la grosseur d'une petite plume à écrire, plus ou moins, s'amincissant vers ses deux extrémités ; elle est tortue et recourbée en différents sens. Elle se compose de deux corps bien distincts, savoir : d'un corps ligneux, ou *meditullium*, d'une couleur blanc jaunâtre qui se continue d'un bout à l'autre de la racine, et d'une écorce épaisse, bouillonnée, crevassée et comme disposée par anneaux adhérents au meditullium. Cette écorce présente une épiderme d'un gris noirâtre ou d'un gris rougeâtre, et une couleur grise à l'intérieur ; elle est dure, cornée, et demi-transparente. Sa saveur est âcre et manifestement aromatique ; son odeur forte, nauséeuse et irritante quand on la respire en masse.

C'est essentiellement dans la partie corticale que résident les propriétés vomitives de l'Ipécacuanha qui sont dues à l'*Émétine* (de Εμέω, je vomis), car Pelletier, qui a fait comparativement l'analyse de l'écorce et celle du méditullium, de la variété gris noirâtre, a trouvé 16 centièmes d'Émétine dans la première et 1,15 seulement dans le corps ligneux. Voici d'ailleurs le résultat des analyses faites par Pelletier et Richard sur deux variétés d'Ipécacuanha :

<table>
<tr><td>1º IPÉCACUANHA ANNELÉ GRIS NOIRATRE.</td><td></td><td>2º IPÉCACUANHA ANNELÉ GRIS ROUGEATRE.</td><td></td></tr>
<tr><td>Émétine</td><td>16</td><td>Matière vomitive</td><td>14</td></tr>
<tr><td>Matière grasse et cire</td><td>1,2</td><td>Matière grasse</td><td>2</td></tr>
<tr><td>Gomme et sels</td><td>2,4</td><td>Gomme</td><td>16</td></tr>
<tr><td>Amidon</td><td>53</td><td>Amidon</td><td>18 [2]</td></tr>
<tr><td>Ligneux</td><td>12,5</td><td>Ligneux</td><td>48</td></tr>
<tr><td>Acide gallique [1]</td><td>des traces.</td><td>Perte</td><td>2</td></tr>
<tr><td>Matière animale albumineuse.</td><td>2,4</td><td></td><td></td></tr>
<tr><td>Matière résineuse</td><td>1,2</td><td></td><td></td></tr>
</table>

C'est à la racine du *Cephœlis ipécacuanha* et non à celle du *Psychotria emetica* qu'il convient de rapporter toutes les propriétés chimiques et physiologiques qui ont été consignées à l'article *Ipéca-*

---

[1] *Acide Ipécacuanhique* Willigk ?

[2] Il est probable qu'il y a erreur et transposition de chiffre entre l'amidon et le ligneux, car rien, suivant l'observation de M. Guibourt, ne justifie la différence que présente sous ce rapport cette analyse avec la précédente.

IPÉCACUANHA OFFICINAL.

cuanha de cette Flore, en regard de la fig. 201, qui représente le *Psychotria emetica;* car nous allons voir que les propriétés de la racine de cette espèce sont moins actives, l'analyse n'y ayant démontré que 9 centièmes d'Émétine.

Quant aux trois variétés d'Ipécacuanha établies par les auteurs, il est probable qu'elles sont toutes dues à la même espèce botanique, et que l'âge, le terrain et l'influence solaire ont seuls pu faire varier la racine de grosseur, de couleur, de rapports entre le méditullium et la partie corticale, et même, jusqu'à un certain point, d'activité médicale, puisque Pelletier, dans l'analyse qu'il a faite de la variété d'Ipécacuanha annelé gris rougeâtre, n'a trouvé que 14 centièmes d'Émétine. Enfin, les mêmes causes peuvent très-bien faire que, dans certaines occasions, la partie corticale soit, relativement au corps ligneux, beaucoup plus développée, comme cela a lieu pour la troisième variété ou *Ipécacuanha annelé majeur* de Guib. Dans ce cas, bien que l'analyse n'en ait point été faite, il est supposable que cette racine doit être au moins aussi active que la première variété, c'est-à-dire celle qui contient 16 centièmes d'Émétine; et ce qui tend à confirmer l'opinion que nous venons d'émettre, c'est que toutes ces variétés arrivent souvent confondues dans la même balle.

EXPLICATION DE LA PLANCHE. (*Plante de grandeur naturelle*), a et b, tiges souterraines ; c, racines constituant l'ipécacuanha officinal. — 1. Fleur complète grossie, composée du calice, de la corolle, des étamines et de l'ovaire infère. — 2. Ovaire surmonté du style bifurqué à son sommet. — 3. Fruit entier couronné par les dents calicinales. — 4. Le même coupé transversalement pour montrer les 2 nucules.

PSYCHOTRIA emetica . (Mutis.)

IPÉCACUANHA STRIÉ.

<table>
<tr><td>Latin...............</td><td>IPECACUANHA. Pis. Brasil. pag. 101 ? Margr. Bras., p. 17 ?
PSYCHOTRIA EMETICA. Caule simplici suffruticoso erecto piloso, foliis oblongo-lanceolatis, acuminatis ciliatis subtus pubescentibus, pedunculis axillaribus sub racemosis paucifloris. Lin. fils supp. Pentandrie monogynie (Linn.); classe II, ord. 2, famille des Rubiacées (Jussieu); exogènes califlores (D. C).</td></tr>
<tr><td>Français...............</td><td>IPÉCACUANHA STRIÉ (Mérat et Guib.).
IPÉCACUANHA NOIR de quelques auteurs.
IPÉCACUANHA GRIS CENDRÉ GLYCYRRHIZÉ (Lemery).</td></tr>
<tr><td>Péruvien...............</td><td>RAICILLA.</td></tr>
</table>

La planche 201 *ter*, représentant la plante qui fournit l'Ipécacuanha strié, est à peu près la même que celle qui porte le n° 201 de cette flore, et si nous la reproduisons ici, c'est qu'elle a été refaite par Turpin, qui a voulu figurer une particularité que n'offre pas la première : c'est une ramification possible indiquée par le développement du jeune rameau qui se trouve à l'aisselle de la feuille inférieure droite, et que l'on ne retrouve pas dans la première.

D'un autre côté, nous avons déjà dit, en faisant l'histoire de l'Ipécacuanha officinal, que cette espèce avait été attribuée au *Psychotria emetica*, ce qu'il convient de rectifier, et comme cette nouvelle figure rend mieux compte des caractères de la plante, nous avons cru devoir la reproduire ici.

Le *Psychotria* [1] *emetica* est un très-petit arbrisseau qui croit au Brésil, au Pérou, sur les bords de la Madeleine, dans la Nouvelle-Grenade et même dans les contrées les plus chaudes de l'Amérique Septentrionale. Sa tige sous-frutescente, droite et velue, s'élève à la hauteur de 30 à 40 centimètres ; le plus souvent simple, elle offre parfois quelques ramifications. Ses feuilles, toujours opposées, décussées, sont oblongues, lancéolées, acuminées, ciliées, pubescentes en dessous, et courtement pétiolées. Chaque paire est accompagnée de deux petites stipules interpétiolaires, pointues et dressées.

Les fleurs naissent en petits capitules sessiles au nombre de 2 à 5, sur de courts pédoncules axillaires, sous-rameaux. Elles sont petites, hermaphrodites, blanchâtres, composées d'un calice à cinq dents per-

[1] Du grec ψυχη, âme ; τρεφω, je nourris.

sistantes ; d'une corolle tubuleuse infundibuliforme à cinq divisions alternes avec celles du calice ; de cinq étamines incluses, attachées au tube de la corolle, à anthères, s'ouvrant intérieurement par une fente longitudinale ; d'un ovaire infère, biloculaire surmonté d'un style terminé par un double stigmate.

Le fruit est une petite baie lisse, globuleuse, bleuâtre, couronnée par les dents persistantes du calice, à deux loges osseuses, contenant chacune une seule semence. Ces semences sont cartilagineuses, hé-misphériques, silonnées et un peu semblables à celles du caféier, quoi-que beaucoup plus petites.

La racine est relativement longue, rameuse, atteignant à la grosseur d'une forte plume d'oie, et d'un gris rougeâtre qui brunit un peu par la dessication. C'est elle qui fournit au commerce l'Ipécacuanha strié. Celui-ci varie beaucoup de grosseur et de longueur ; il peut avoir de 3 à 11 centimètres de long sur 2 à 9 millimètres de dia-mètre. Il est composé : 1° d'une partie centrale (*meditullium*), li-gneuse, jaunâtre, perforée d'un grand nombre de trous visibles à la loupe ; 2° d'une écorce plus ou moins épaisse, qui, au lieu d'offrir les étranglements annulaires rapprochés de l'Ipécacuanha annelé, n'en offre que de très-espacés et au contraire présente des rides ou stries longitudinales. Sa couleur est d'un gris rougeâtre sale à l'extérieur, d'un gris rougeâtre à l'intérieur ; elle est adhérente au meditullium. On s'accorde à lui trouver une odeur rappelant celle de l'Ipécacuanha et de la Bardane, et une saveur faible ou un très-peu poivrée. En vieillissant l'écorce se ramollit et se laisse pénétrer par l'ongle en même temps que la couleur se fonce au point de devenir tout à fait noire ; ce qui lui a valu le nom d'*Ipécacuanha noir*, sous lequel l'ont désigné quelques auteurs ; mais alors il est altéré et doit être com-plétement rejeté de l'usage médical.

On doit à Pelletier une analyse de cette racine. Selon cet auteur elle serait formée de :

Matière vomitive....................	9	
Matière grasse............	12	
Amidon............................		= 100
Gomme...............	79	
Ligneux...........................		
Acide gallique........... ...... des traces		

Comme on le voit, cette racine doit être moins active que celle de l'Ipécacuanha officinal, aussi Lémery en a-t-il fixé la dose à **1** gros ou **1** gros 1/2 (4 ou 6 grammes) en poudre, ou à 3 gros (12 grammes) en infusion.

Au Pérou, sous le nom de *raicilla* (petite racine), on l'emploie comme vomitive, à la dose de **1** à **3** et **4** grammes.

Cette racine ne se trouve plus guère que dans les droguiers, le plus souvent sous le nom d'*Ipécacuanha des mines d'or*. Elle nous vient du Pérou, principalement par la voie de Cadix.

EXPLICATION DE LA PLANCHE. (*La plante est environ le tiers de la grandeur naturelle.*) — **1** et **2**. Racine présentant en **a**, la partie corticale; en **b**, les étranglements, et en **c**, le méditullium ou corps ligneux. — **3**. Calice et ovaire infère surmonté du style et du double stigmate. — **4**. Corolle ouverte pour montrer la portion tubuleuse à laquelle sont attachées les étamines. — **5**. Fruit coupé transversalement pour montrer la position respective des **2** graines. — **6**. Graine isolée.

FLORE MÉDICALE

FLORE MÉDICALE.

Paris, chez J. M. Joly, Libraire Éditeur.
Rue Serpente N° 34

FLORE
MÉDICALE

ET

ICONOGRAPHIE VÉGÉTALE

PEINTES

Par Mme E. PANCKOUCKE et TURPIN (DE L'INSTITUT)

DÉCRITES

Par MM. CHAMBERET, CHAUMETON, FERMOND, POIRET
ET ACH. RICHARD (DE L'INSTITUT)

———

TROISIÈME ÉDITION

TOME HUITIÈME

PARIS

ÉDITION DE C.-L.-F. PANCKOUCKE

CHEZ J.-M. JOLY, LIBRAIRE-ÉDITEUR

34, RUE SERPENTE, 34

———

MDCCCLXII

IPECACUANHA BLANC.

RICHARDIA BRASILIENSIS de Gomez.

IPÉCACUANHA ONDULÉ.

———

Latin.....................	RICHARDSONIA SCABRA, Aug. St-Hilaire, p. 1, brasil. 2e liv. IPECACUANHA BRANCA, Pison in mat., med. brasil., lib. IV, 65. RICHARDIA (1) ou RICHARDSONIA BRASILIENSIS (Gomez). Pentandrie monogynie (Lin.) ; Exogènes caliciflores (D. C.), classe II, ord. 2, fam. des Rubiacées (Jussieu).
Français..............	IPÉCACUANHA ONDULÉ, de Guibourt. IPÉCACUANHA BLANC (Pison et Bergius). I. BLANC OU AMYLACÉ (Mérat). RICHARDSONIE VOMITIVE (Fée).

La plante qui fournit l'espèce d'Ipécacuanha qui nous occupe ici croît spontanément dans les champs et les prés du Brésil, mais plus particulièrement dans les environs de Rio-Janeiro.

Sa tige, un peu grêle, est velue, rameuse et couchée sur terre. Ses feuilles sont opposées, ovales-oblongues, courtement pétiolées et rudes sur les bords ; elles sont accompagnées de stipules engaînantes et divisées par le haut en plusieurs petites lanières.

Les fleurs sont rassemblées en un capitule terminal et entourées d'un involucre tétraphyllé. Elles sont formées d'un calice à cinq ou six divisions ; d'une corolle tubuleuse à cinq ou six divisions alternes avec celles du calice ; de cinq à six étamines exsérées sur le tube de la corolle, à anthères ovoïdes, s'ouvrant intérieurement par une fente longitudinale ; d'un ovaire infère, surmonté d'un long style terminé par trois stigmates recourbés en dehors.

Le fruit est constitué par trois ou quatre carpelles d'abord couronnés par les divisions persistantes du calice, et qui finissent par tomber en laissant une capsule qui se sépare en trois ou quatre coques monospermes et indéhiscentes.

La racine de cette plante est longue, rampante, ridée, tortueuse et plus ou moins ramifiée. Lorsqu'elle est desséchée et telle qu'on la trouve dans les droguiers, elle est de grosseur variable ; mais en général elle est inférieure à celle d'une plume d'oie. Comme les autres espèces d'Ipécacuanha, elle se compose de deux parties très-distinctes :

---

1 Il importe de ne pas confondre ce genre avec le genre *Richardia* qui appartient à la famille des aroïdées et dont une espèce, le *Richardia Æthiopica* (Schott), est cultivée à cause de la beauté de sa spathe quelquefois triple et surtout de son odeur fort agréable.

2 Lémery a aussi donné le nom d'*ipécacuanha blanc* à la racine d'une apocynée qui est bien différente de celle que nous décrivons ici.

IPÉCACUANHA ONDULÉ.

un *meditullium* ligneux et une écorce paraissant annelée au premier abord; mais une plus grande attention fait voir qu'elle est plutôt *ondulée*, c'est-à-dire que les anneaux sont incomplets et qu'une partie sillonnée transversalement correspond à une partie convexe. Elle est extérieurement d'une couleur gris blanchâtre; sa cassure laisse voir à l'intérieur une couleur d'un blanc mat et plutôt farineuse. Vue au soleil, on y aperçoit des points brillants et perlés qui y indiquent la présence d'une assez forte proportion d'amidon, beaucoup plus visible à la loupe. Son odeur n'est pas irritante comme celle de l'Ipécacuanha officinal; elle est faible et se rapproche de celle de moisi.

Pelletier, qui en a fait l'analyse, y a trouvé :

Matière vomitive	6	
Matière grasse	2	= 100
Amidon	92	
Ligneux très-peu		

Les résultats de cette analyse diffèrent beaucoup de ceux qu'a donnés l'analyse faite par Richard et qui sont :

Éméline	3,5	Matière grasse	0
Amidon	54	Ligneux	19
Matière extractive	22	Acide gallique	traces.

Cet Ipécacuanha n'est pas employé dans la médecine française; il est de qualité inférieure et ne fait vomir qu'à d'assez fortes doses. Cependant Aug. Saint-Hilaire dit qu'il est employé avec avantage comme succédané de l'Ipécacuanha officinal et à la dose seulement de 24 grains (1 gramme 20 centigrammes); ce qui semblerait indiquer une action plus énergique que celle que peut avoir la racine du *Psychotria emetica*, action qui ne serait plus en rapport avec les données des analyses chimiques que nous venons de rapporter.

EXPLICATION DE LA PLANCHE. 1. Fleur entière. — 2. Corolle ouverte pour faire voir l'exsertion des étamines, — 3. Ovaire infère entouré par le calice et surmonté par le style et les 3 stigmates. — 4. Fruit couronné encore par les divisions calicinales. — 5. Une des coques monospermes du fruit.

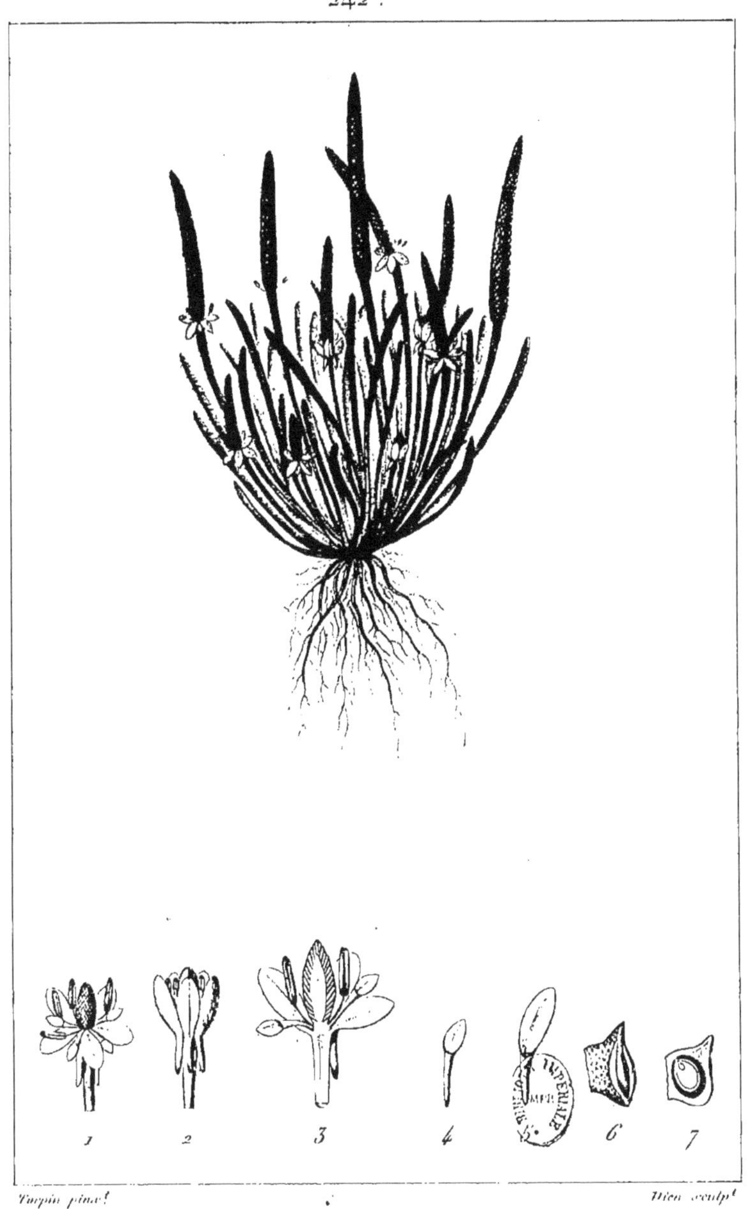

Turpin pinx.t   Dien sculp.t

MYOSURUS queue de souris.

CCXLII bis.

MYOSURUS QUEUE DE SOURIS.

Latin...............	HOLOSTEO AFFINIS, cauda muris; Bauh. Πιναξ, lib. V, sect. 5.
	CAUDA MURIS, Dod. pempt. 112, ic.
	RANUNCULUS GRAMINEO FOLIO, *flore caudato, seminibus in capitulum spicatum congestis.* Tournef. Cl. 6, sect. 7, gen. 3.
	MYOSURUS MINIMUS, *foliis integerrimis.* Lin. Pentandrie polygynie. Juss. Dicotylédones polypétales hypogynes, fam. des Renonculacées.
Italien...............	CODA DI TOPO.
Espagnol...............	COLA DE RATON.
Portugais...............	CODA DE RATO.
Français...............	QUEUE DE SOURIS, RATONCULE BASSE.
Anglais...............	MOUSE-TAIL.
Allemand...............	MÄUSES CHWÄNZCHEN; MÄUSEGRAS; KUMMELZELLER.
Hollandais...............	DUIZENDGREIN.
Danois...............	MUUSERUMPE.
Suédois...............	MUSRUMPE.
Russe...............	MYSCHEI CHWOST.
Polonais...............	OGONEI MYSZE.

Le genre *Myosurus*, du grec Μῦς, souris, et οὐρά, queue, a été établi par Dillenius et généralement adopté. Il est caractérisé par un calice sous-pétaloïde à 5 sépales imbriqués, caducs et offrant chacun un long prolongement; une corolle à 5 pétales hypogynes, plus courts que le calice et offrant à leur base un onglet tubuleux; 5 ou 12 étamines; un fruit constitué par un grand nombre de carpelles triquètres terminés par un style très-court et disposés en épi sur un très-long réceptacle.

Le *Myosurus minimus* est une très-petite plante annuelle fort voisine des renoncules, par sa fructification simulant une longue queue droite qui n'est pas sans analogie avec celle de l'animal qui lui a donné son nom.

La racine de cette plante est grêle en général, simple vers le collet, mais divisée plus bas en un grand nombre de fibres menues, rameuses, terminées elles-mêmes par un chevelu très-délié. Du collet part une rosette de feuilles toutes radicales, disposées en gazon, simples, linéaires, dressées, très-fines, glabres, longues de 1 à 3 centimètres, du milieu desquelles sortent des pédoncules ou hampes florales, glabres, cylindriques, filiformes, hautes de 5 à 7 centimètres au plus, et terminées par une seule fleur.

MYOSURUS QUEUE DE SOURIS.

Celle-ci, d'un vert jaunâtre, très-petite, se compose : 1° d'un calice à 5 sépales étroits et pétaloïdes, ouverts et terminés inférieurement en un prolongement parallèle à l'axe; 2° d'une corolle à 5 pétales plus petits que les divisions calicinales, formant un cornet tubuleux et alternant avec les sépales; 3° d'un androcée de 5 à 15 étamines à filet court terminé par une anthère elliptique, allongée, à 2 loges s'ouvrant par une fente longitudinale; 4° d'un gynécée fort court au moment de l'anthèse et formant un petit cône aigu un peu plus long que le calice, mais qui bientôt s'accroît tellement, que les ovaires sont bientôt disposés sur un réceptacle filiforme, en une queue droite de 3 centimètres de longueur, très-serrée, cylindrique et terminée en pointe mousse.

Le fruit se compose d'un grand nombre de carpelles, indéhiscents, serrés le long du réceptacle de façon à ne laisser aucun intervalle. Chaque carpelle est triquètre et surmonté d'un style très-court. Nous avons compté jusqu'à 73 rangées circulaires de carpelles qui, multipliées par 5, donnent le chiffre de 365, exprimant le nombre des carpelles composant un fruit du *Myosurus minimus*. Nous avons pareillement constaté, dans cette espèce, une monstruosité remarquable qui consistait en un dédoublement ou bifurcation du fruit, et chaque branche, dont l'une était seulement un peu plus petite que l'autre, était pourvue de carpelles parfaitement développés.

Cette plante croît habituellement par touffes dans les terrains sablonneux ou terreux, mais qui ont été inondés pendant l'hiver. On la trouve aussi au bord des mares desséchées et dans les marais salés. Elle se rencontre dans les environs de Paris, particulièrement à Bondy, à Villers-Cotterets, à Montmorency, etc., où elle fleurit d'ordinaire vers le mois de juin.

Elle n'est d'aucun usage dans la médecine actuelle. On lui accorde cependant une propriété astringente qui, jointe à un principe âcre, pourrait bien en faire un médicament d'une certaine activité.

EXPLICATION DE LA PLANCHE. (*La plante est de grandeur naturelle.*) — 1. Fleur grossie pour montrer la disposition des diverses pièces. — 2. Fleur non complétement ouverte laissant voir les prolongements sépaloïdes. — 3. Fleur coupée verticalement pour montrer l'exsertion des parties. — 4. Pétale grossi, en cornet tubuleux. — 5. Sépale grossi, muni de son prolongement inférieur. — 6. Carpelle triquètre. — 7. Le même coupé dans sa longueur pour montrer la graine et la position de l'embryon.

Turpin pinx.   Dien sculp.

OPHRYS abeille.

OPHRYS ABEILLE.

———

Latin	ORCHIS FUCUM REFERENS MAJOR, *foliolis superioribus candidis et purpurascen-tibus?* Bauh., Πιναξ. lib. II, sect. 6. Tournef. Cl. XI, sect. 3, gen. 1. OPHRYS INSECTIFERA : *bulbis subrotundis, scapo folioso, nectarii labio subquin-quelobo.* Lin. Gynandrie diandrie. Juss. Monocotylédones épigynes, famille des Orchidées. OPHRYS APIFERA, Smith, Fl. brit. 938.
Espagnol	HIERBA DE LA ABEJA.
Français	OPHRYS-ABEILLE, OPHRYS-BOURDON.
Anglais	BEE OPHRYS.
Allemand	BIENENBLUME ; HUMMELBLUME.

Le nom générique de cette jolie plante vient du grec ὀφρύς, sourcil, à cause, dit-on, de la forme des divisions calicinales, et son nom spécifique de ce que son labelle a quelque ressemblance avec une grosse abeille.

Cette plante se compose de 2 tubercules entiers, ovoïdes ou presque globuleux, au sommet desquels se trouvent plusieurs vraies racines simples, fibreuses, plus ou moins ondulées. Du milieu de ces radicules sort une tige simple, cylindrique, qui s'élève à la hauteur de 3 décimètres et garnie de feuilles dans toute son étendue. Ces feuilles sont ovales, oblongues, aiguës ; celles du haut forment des bractées assez grandes qui ont presque deux fois la longueur de l'ovaire.

Les fleurs, en petit nombre, sont assemblées au haut de la tige en un épi lâche terminal et accompagnées de bractées qui restent vertes. La fleur est hermaphrodite, irrégulière et formée d'un périanthe ayant une teinte générale rose qui est particulièrement due aux 3 divisions extérieures, grandes, elliptiques, presque obtuses, réfléchies, avec la carène et le bord un peu verdâtres. Des trois divisions internes, les deux supérieures sont lancéolées, verdâtres, courtes, élargies à leur base et un peu velues en dedans ; la division inférieure, ou *labelle*, est veloutée, trilobée ; les deux lobes latéraux basilaires, oblongs ; le médian très-grand, épais et formant presque tout le labelle. Celui-ci est convexe dans toute sa partie antérieure, ventru, recourbé en dessous et prolongé à son extrémité en un appendice subulé, glabre au sommet et également recourbé et caché en dessous. La couleur de ce labelle est pourpre ferrugineuse, marquée de raies jaunes. Le corps moyen, colonne ou *gynostème*, se termine en avant par un bec très-prolongé. Cette colonne porte à la fois les étamines et le stigmate. Les étamines, au nombre de deux, sont constituées par une anthère à filament court, soudée au gynostème, et constituant une bursicule dans laquelle sont renfermées des masses polliniques munies d'un long caudicule et d'un rétinacle libre. Les masses polliniques sont composées de granules assez gros, agglutinés ensemble au moyen d'une matière visqueuse, élastique.

L'ovaire est infère, oblong, non contourné, comme dans les *Aceras*, contenant un très-grand nombre d'ovules très-petits, attachés en séries à trois placentaires pariétaux, saillants et bifurqués du côté interne.

Le fruit est une capsule ovoïde, allongée, obtuse, à trois côtés, striée, à une seule loge, s'ouvrant par les angles qui sont carénés en trois valves persistantes, cohérentes par leur sommet et leur base, et portant les placentaires à leur partie moyenne. Les semences sont très-petites, très-nombreuses, scobiformes, à testa très lâche, réticulé, débordant très-amplement l'amande.

Cette plante fleurit en mai et juin. Elle croît en Europe, particulièrement dans les prairies de presque toute la France et sur le bord des bois élevés, dans les environs de Paris, à Saint-Cloud, Saint-Germain, etc.

Linné, sous le nom d'*Ophrys insectifera*, paraît avoir compris plusieurs *Ophrys*, qui, aujourd'hui, sont distingués en *Ophrys myodes* (Jacq., Ic. rar., t. 71), *Ophrys arachnites* (Hoff. *Germ.*, 318), probablement en *Ophrys apifera*, et peut-être en *Ophrys aranifera* (Smith, *Fl. brit.*, 939).

Toutes ces plantes seraient très-intéressantes à cultiver pour en faire l'ornement des jardins. Malheureusement, malgré les tentatives que l'on a faites, on n'a pu que très-difficilement y parvenir, tant leur culture est difficile. Cependant on y arrive jusqu'à un certain point, en les enlevant en motte avec les tubercules et toutes leurs racines, et les plaçant le mieux possible dans un terrain et une position très-analogues à ceux où ils croissent spontanément.

L'*Ophrys apifera* n'a reçu aucune application industrielle ou médicale, mais on peut supposer que ses tubercules, traités comme ceux des autres Orchis, particulièrement les *Orchis morio, mascula,*

OPHRYS ABEILLE.

bifolia, etc., donneraient aussi un salep semblable à celui du commerce, qui, bien que d'un emploi très-limité, ne laisse pas que d'être encore usité en médecine comme analeptique. Dans ce cas, après l'avoir réduit en poudre, on le fait bouillir dans du bouillon ou dans du lait pour en faire des potages. Quelquefois même on en fait des infusions ou des décoctions médicamenteuses ou des pastilles pectorales et des chocolats analeptiques.

La manière de préparer le salep est des plus simples. On récolte les tubercules en été, on les dépouille de leur épiderme, puis on les plonge pendant quelque temps dans l'eau bouillante ; après quoi on les enfile pour en faire des chapelets, que l'on fait sécher au four ou au soleil. Le commerce tirait autrefois le salep de la Perse ; mais depuis que la nature du salep est bien connue, la France en produit une certaine quantité, qui probablement ne le cède en rien au salep exotique. C'est Geoffroy qui nous a fait connaître la vraie nature du salep, et qui a démontré que le salep français était identique avec celui de Perse, quoique provenant d'orchis différents. (*Mémoires de l'Académie des Sciences,* 1740, p. 99.)

EXPLICATION DE LA PLANCHE. (*Plante réduite aux deux tiers de sa grandeur naturelle.*) — 1. Colonne ou gynostème composé d'une sorte de style épais, charnu, sur lequel sont soudées les étamines, et terminé par le stigmate. Une des masses polliniques se montre bien séparée du système. — 2. Masse pollinique s'effilant en caudicule que termine à la base une petite masse glutineuse nommée rétinacle. — 3. Fruit coupé longitudinalement pour montrer la disposition des semences. — 4 Le même coupé transversalement pour montrer les trois placentaires pariétaux couverts de leurs semences. — 5. Graine grossie pour faire voir le testa très-lâche et réticulé qui enveloppe de toutes parts l'amande.

FLORE MÉDICALE

Troisième Edition.
LES
SOUSCRIPTEURS
ASSOCIÉS
POUR TRANSMETTRE
A LA POSTÉRITÉ
LES SCIENCES MÉDICALES
ACQUISES AU XIX SIÈCLE.
C. L. F. PANCKOUCKE
ÉDITEUR.
Paris chez J. M. Joly, Libraire Éditeur.
Rue Serpente N.° 5.

FLORE
MÉDICALE

ET

ICONOGRAPHIE VÉGÉTALE

PEINTES

PAR Mme E. PANCKOUCKE ET TURPIN (DE L'INSTITUT)

DÉCRITES

PAR MM. CHAMBERET, CHAUMETON, FERMOND, POIRET
ET ACH. RICHARD (DE L'INSTITUT)

TROISIÈME ÉDITION
TOME NEUVIÈME

PARIS

ÉDITION DE C.-L.-F. PANCKOUCKE

CHEZ J.-M. JOLY, LIBRAIRE-ÉDITEUR
34, RUE SERPENTE, 34

MDCCCLXII

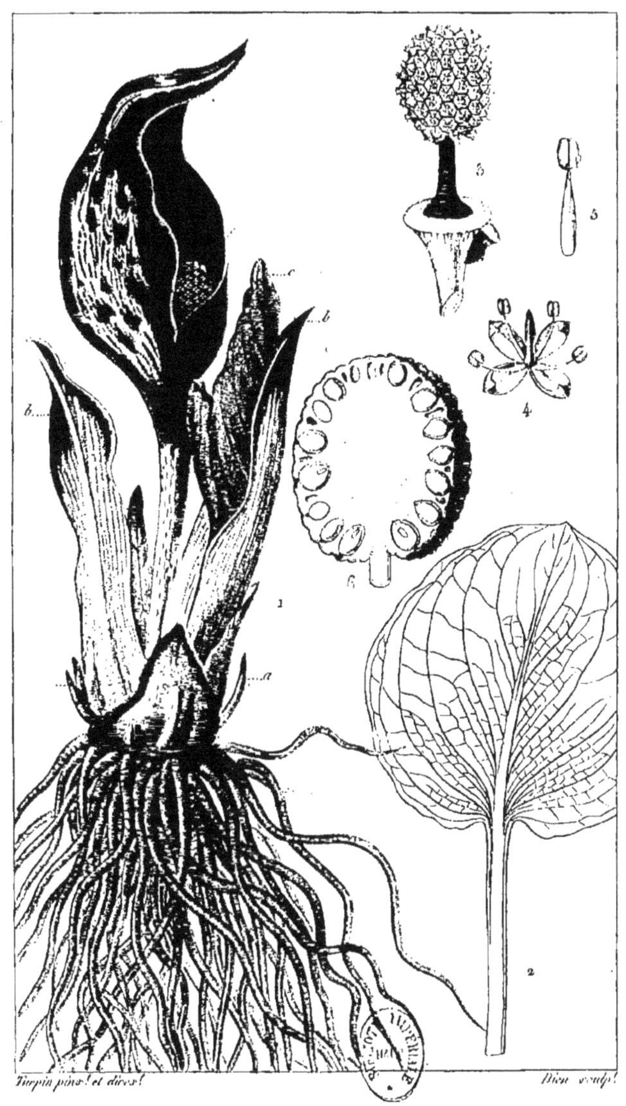

POTHOS fétide.

CCLXXXI bis.

POTHOS FÉTIDE.

Latin ....
{CALLA AQUATILIS, *odore alii vehemente prædita*, Gron. Virg. 1, p. 186.
ARUM AMERICANUM, *betæ folio*, Catesb. Carol. 2, p. et tab. 71.
DRACUNTIUM FŒTIDUM, foliis subrotundis, concavis (1). Linné, Cl. 20, Gynandrie polyandrie. Juss. Monocotylédones hypogynes, fam. des Aroïdées.
POTHOS FŒTIDA. Mich. Fl. amér.
SYMPLOCARPUS FŒTIDA. Salisbury.}

Français .... POTHOS FÉTIDE; DRACONTE FÉTIDE.

Anglais .... SKUNK-CABBAGE; SWAMP-CABBAGE; STINKING POTHOS.

Allemand .... STINKENDE ZEHRWURZ; BÆRENWURZEL.

Le Pothos fétide est une plante vivace et pour ainsi dire acaule, car elle ne porte autre chose qu'une hampe florale analogue à celle du Gouet, sans même avoir un rhizôme comme ce dernier. En effet, le collet de la plante émet, comme système inférieur, un grand nombre de racines fibreuses, cylindriques, ondulées, d'une couleur rouge brun, de la grosseur d'une petite plume et longues de 60 à 70 centimètres. Ce même collet donne naissance au système aérien qui est d'abord formé par des écailles de forme variable, grandes et colorées, qui ne sont que des feuilles rudimentaires entourant et soutenant, pour ainsi dire, des feuilles plus grandes, simples, ovales, concaves, un peu cordiformes à leur base, d'une couleur verte, lisses, fortement veinées et qui ont de 30 à 40 centimètres de longueur sur 20 à 25 de largeur, et encore, suivant le docteur Barton, ces dimensions peuvent-elles augmenter si la plante se trouve placée dans un terrain favorable. Ces feuilles se développent au mois d'avril et se montrent toujours avant les fleurs.

La fleur est constituée par une hampe uniflore, terminée par une spathe qui recouvre un spadice portant les organes de la fructification. La spathe est concave, cymbiforme, terminée supérieurement par une languette pointue et qui, sur une teinte générale d'un rouge brun, présente des taches et est comme panachée de pourpre, de jaune et de verdâtre. Le spadice ovale-arrondi et porté sur un pédicule, est couvert de toutes parts d'un grand nombre de fleurs serrées les unes contre les autres. Chacune d'elles se compose d'un calice à

1 Linné s'est demandé si cette plante ne serait pas plutôt une espèce du genre *Pothos* : « *an Pothos potius species* » (*Syst. vég.*, ed. decima quarta, p. 829.)

Supplément 16.

quatre folioles épaisses, fermes, concaves à l'intérieur et persistantes ; d'un androcée constitué par quatre étamines opposées aux divisions calicinales, à filaments assez longs, subulés, terminées par des anthères saillantes, jaunâtres, un peu échancrées à leur sommet et à deux loges s'ouvrant par une fente longitudinale ; d'un seul ovaire sous-arrondi surmonté d'un style épais, pyramidal, de couleur brune et terminé par un très-petit stigmate.

Le fruit est composé de l'ensemble des ovaires ou carpelles qui sont devenus bacciformes, charnus, globuleux, bruns et qui se trouvent enfoncés dans la substance spongieuse du spadice ; chaque carpelle contient une seule graine nue, sous-arrondie, mélangée de jaune et de pourpre.

Cette plante se plaît dans les lieux humides, marécageux et même aquatiques, le long des ruisseaux de l'Amérique septentrionale ; au Canada, dans la Virginie et jusque dans la Floride. Le collet de la plante émettant un assez grand nombre de bourgeons, on ne la trouve guère isolée ; elle forme des touffes quelquefois considérables et se propage avec une telle facilité qu'il n'est pas rare de la voir envahir des prairies entières.

Le *Pothos fétide* doit son nom à l'odeur véritablement fétide qu'elle répand au loin. L'odeur des feuilles est différente de celle des fleurs, elle est nauséabonde et se rapproche plus particulièrement de celle du putois, ce qui fait que les Anglais lui ont donné les noms significatifs de : *Skunk-Cabbage, Skunk-Weed, Polecat-Weed*. Les fleurs au contraire, surtout lorsqu'elles sont écrasées, remplissent l'atmosphère d'émanations alliacées qui rappellent tout à fait celles de l'*assa fœtida*. C'est pour cette raison que Grove a caractérisé cette plante par cette phrase : *Calla aquatilis, odore alii vehemente prædita*. Les émanations sont telles qu'on leur attribue une ophthalmie violente, survenue au docteur Barton pendant qu'il peignait d'après nature cette plante dans tous ses détails.

L'énergie même avec laquelle cette plante paraît agir sur nos organes devait donner l'idée de s'en servir comme moyen thérapeutique et leur inspirer de grandes espérances. Voici, à ce sujet, ce qu'en dit M. Chaumeton : « Quelques-unes seulement de ces espérances ont été justifiées ; car il faut bien se garder d'accorder une confiance aveugle aux assertions mensongères, aux observations apocryphes, aux éloges hyperboliques de certains médicastres ignorants ou follement enthousiastes qui pullulent dans le nouveau monde comme dans l'ancien. Loin de moi la pensée de vouloir flétrir par ces titres ignominieux la réputation justement acquise des docteurs Thatcher et Colden, dont l'unique tort est d'avoir exagéré les propriétés médicales de la Draconte fétide, et de les avoir étendues à des maladies contre lesquelles cette plante a été constamment inefficace, telles que l'hydropisie, le scorbut et la phthisie. Le médecin militaire prussien, Jean-David Schœpf, qui a publié des écrits précieux sur le climat et les productions de l'Amérique septentrionale, s'est montré plus réservé. Un raisonnement tout à la fois très-simple, très-naturel et parfaitement judicieux, lui a indiqué l'emploi thérapeutique du Pothos fétide. Réfléchissant que l'odeur de cette plante offre une analogie et presque une identité complète avec celle de l'asa fétide, il a soupçonné qu'elle était pareillement antispasmodique et béchique [1]. Une heureuse expérience est venue sanctionner une sage théorie. Trente à quarante grains de la racine desséchée et pulvérisée du Pothos fétide, administrés pendant un accès d'asthme très-intense, en ont adouci considérablement la violence et abrégé la durée. En donnant cette poudre avant le paroxysme, le docteur Cutter en a prévenu l'invasion. Il assure même avoir radicalement guéri cette cruelle et opiniâtre névrose par la longue continuation de ce puissant moyen. Une attaque effrayante d'hystérie, contre laquelle avaient échoué le musc et les autres antispasmodiques les plus vantés, a été merveilleusement calmée par la racine de Draconte fétide, suivant le rapport de Thatcher. Les feuilles légèrement froissées, *battues* et exposées à la flamme, comme nous le faisons à celle de bette, sont appliquées avec succès, dit-on, sur les ulcères sanieux, sur les éruptions dartreuses, et peuvent, si l'on en croit le professeur Barton, remplacer les cérats et onguents suppuratifs pour le pansement des vésicatoires. Les graines, imprégnées d'un arome éminemment diffusible et semblable à celui de l'asa fétide, doivent être préférées à toutes les autres parties de la plante, pour le traitement des affections nerveuses.

« Le Pothos ou la Draconte pourpre ou Angustispathe (*Purple-Skunk-Cabbage*, ou *Narrow-Spathed Skunk-Cabbage*, des Anglo-

---

[1] *Materia medica americana*, etc. In-8°. Erlangæ, 1787.

Américains; *Dracuntium angustispathum*; *Symplocarpus angustispatha*, de Salisbury), n'est probablement qu'une simple variété du fétide, avec lequel il se confond, pour ainsi dire, également par ses qualités physiques et ses propriétés médicinales. (Chaumeton, *Journal compl. dict. scienc. méd.*, t. III, p. 92 et 93.) »

EXPLICATION DE LA PLANCHE. — 1. Plante entière dont on ne voit que les feuilles rudimentaires : *a.* bourgeons naissants, *b.* feuille rudimentaire, *c.* feuille non développée, *d.* spathe au fond de laquelle apparaît le spadice chargé de fleurs. — 2. Feuille développée fort réduite. — 3. Spadice entouré de fleurs serrées les unes contre les autres. — 4. Une des fleurs épanouie. — 5. Étamine. — 6. Fruit coupé verticalement pour faire voir que les carpelles sont enclavés dans la substance du spadice et en même temps la position des graines les unes par rapport aux autres.

RENONCULE dorée.

CCXCIV BIS.

RENONCULE DORÉE.

<table>
<tr><td>Latin...............</td><td>RANUNCULUS NEMOROSUS, seu SYLVATICUS, folio subrotundo. Bauh. Πιναξ, lib. V, sect. 3; Tournef. Cl. 5, sect. 7, gen. 3.
RANUNCULUS AURICOMUS, foliis radicalibus reniformibus, crenatis, incisis; caulinis digitatis, linearibus; caule multifloro. Linn. Polyandrie polygynie. Juss. Dicotylédones polypétales hypogynes, fam. des Renonculacées.</td></tr>
<tr><td>Français...............</td><td>RENONCULE-TÊTE-D'OR, RENONCULE BLONDE, RENONCULE DOUCE.</td></tr>
<tr><td>Anglais...............</td><td>SWEET WOOD-CROWFOOT, GOLDILOCKS.</td></tr>
<tr><td>Allemand...............</td><td>GOLDGELBE HAHNENFUFS, GOLDBLUM, WALDSCHMERGEL.</td></tr>
<tr><td>Hollandais...............</td><td>GOUDAAIRIGE RANONKEL.</td></tr>
</table>

La Renoncule dorée est une plante indigène qui s'élève à la hauteur de 2 décimètres ; sa tige est glabre inférieurement, légèrement pubescente au sommet, grêle, rameuse et garnie de feuilles. Elle fleurit au premier printemps et quelquefois jusqu'en mai.

Ses feuilles sont de deux sortes, mais dérivent toutes de notre quatrième système, c'est-à-dire qu'elles appartiennent aux feuilles latéricomposées [1]. En effet, les feuilles inférieures, longuement pétiolées, arrondies, sont latérinerviées, tri ou quintilobées, crénelées à leur bord ; les autres sont plus profondément tri ou quintilobées à crénelures inégales, obtuses ou aiguës ; les caulinaires sont tout à fait latéricomposées, c'est-à-dire profondément divisées en lanières ou folioles étroites, entières, divergentes, simulant par leur disposition une sorte de collerette sessile ; quelquefois les dernières sont simples et linéaires.

Les fleurs, toujours terminales, jaunes, peu nombreuses, sont portées par un pédoncule légèrement pubescent. Elles sont régulières, complètes et formées : 1° d'un calice à cinq sépales glabres, colorés, concaves ; 2° d'une corolle de médiocre grandeur, à cinq pétales jaunes, sous-orbiculaires, offrant un onglet nectarifère comme les autres Renoncules, mais remarquable par ses pétales, qui ne se développent que successivement, et qui même avortent quelquefois ; 3° d'un androcée formé d'un grand nombre d'étamines hypogynes, plurisériées, à filament court et à anthère droite, elliptique, et à deux

----

[1] Ch. Fermond. *Études comparées des feuilles dans les trois grands embranchements végétaux.* Compte-rendu de l'Inst., 1860 et 1861.

Supplément 17.

RENONCULE DORÉE.

loges s'ouvrant par une fente longitudinale; 4° d'un gynécée non saillant composé d'un grand nombre d'ovaires disposés en tête autour d'un réceptacle ovoïde et terminé par une petite corne stigmatique.

Le fruit est constitué par des carpelles libres, monospermes, comprimés, ovales, légèrement pubescents, surtout à leurs bords, terminés par une petite corne recourbée en dehors et réunis à un capitule ovoïde. Chaque carpelle renferme une graine ayant à sa base un embryon dressé.

La racine est vivace et se compose d'une infinité de fibres cylindriques grêles, presque filiformes, un peu rameuses, ondulées et d'une couleur brune.

La culture de cette plante dans des terrains gras la fait devenir plus forte; ses feuilles, presque charnues, sont aussi plus divisées; les feuilles caulinaires sont digitées, lancéolées, crénelées ou dentées sur les digitations. Dans cet état, elle constitue la variété β, que Lamarck a caractérisée ainsi : *foliis subcarnosis, caulinis digitatis, dentato incisis.* Enfin une autre variété γ a été décrite par Allioni [1] sous le nom de *Ranunculus polymorphus* ainsi caractérisée : *foliis radicalibus subrotundis, petiolatis; caulinis sessilibus, digitatis; foliolis integerrimis.* Cette variété, admise par de Candolle, sous le nom que lui a donné Allioni [2], ne doit pas être, selon nous, regardée comme une variété, mais seulement comme une simple variation de la forme ordinaire.

Cette plante se rencontre dans les bois et les lieux couverts, un peu humides; dans les environs de Paris, particulièrement au Plessis-Piquet, à Meudon, etc. Elle possède des propriétés analogues à celles de ses autres congénères; cependant on la dit d'une action plus douce : aussi le bœuf et la chèvre peuvent-ils, dit-on, la manger impunément.

[1] *Flora pedemontana.* T. LXXXII, fig. 2.
[2] Fl. française. T. IV, p. 897.

EXPLICATION DE LA PLANCHE. (*La plante est réduite au tiers de sa grandeur naturelle.*) — 1. Fleur coupée verticalement afin de montrer la disposition des parties qui la constituent. — 2. Pétale isolé et amplifié. — 3. Étamine grossie. — 4. Fruit entier. — 5. Carpelle isolé et grossi. — 6. Le même coupé verticalement par le milieu pour faire voir la disposition de l'embryon.

1 2 3 4 5

Turpin pinx.t   Dien sculp.t

RENONCULE des champs.

RENONCULE DES CHAMPS.

Latin — RANUNCULUS ECHINATUS. Crantz, Austr., p. 118.
RANUNCULUS ARVENSIS ECHINATUS. Bauh. Πιναξ, lib. V, sect. 3. Tournef. Cl. 5, sect. 7, gen. 3.
RANUNCULUS ARVENSIS : *seminibus aculeatis, foliis superioribus decompositis linearibus.* Linn Polyandrie polygynie. Juss. Dicotylédones polypétales hypogynes, fam. des Renonculacées.

Français — RENONCULE DES CHAMPS; CHAUSSE-TRAPE DES BLÉS, BASSINET.
Anglais — CORN-CROWFOOT.
Allemand — ACKERHAHNENFUFS STACHELE.... FELDHAHNENFUFS.
Hollandais — AKKER-HAANEVOET.

La Renoncule des champs est une plante annuelle haute de 2 ou 3 décimètres quand elle vient dans les champs ; mais qui peut doubler de hauteur dans les lieux cultivés et ombragés, et dont la floraison a lieu pendant tout l'été.

Ses feuilles radicales sont simplement partagées en 3 lobes oblongs et trifides, suivant notre principe de la triplasie ou trisection ; les autres sont encore plus divisées en lobes plus ou moins profonds , mais dans tous les cas elles sont glabres et munies d'un pétiole un peu élargi à la base ; les feuilles caulinaires sont plus finement découpées, plus étroites, à peine pétiolées.

De l'aisselle des feuilles radicales s'élève une tige un peu pubescente, dure, cylindrique, divisée en rameaux diffus , au sommet desquels naissent les fleurs. Celles-ci, toujours terminales, sont nombreuses, assez petites, d'un jaune pâle, et portées par un pédoncule grêle.

La fleur est régulière, complète et formée : 1º d'un calice à 5 sépales, ovales, d'un jaune verdâtre, caduc ; 2º d'une corolle à 5 pétales, sous-arrondis, d'un jaune soufre, portant à leur base interne une petite fossette glanduleuse recouverte par une petite écaille ; 3º d'un androcée composé d'un grand nombre d'étamines disposées sur plusieurs rangs, et formées chacune d'un filament court terminé par une anthère, droite, oblongue, obtuse, à 2 loges s'ouvrant par une fente longitudinale ; 4º d'un gynécée non saillant pendant la floraison, constitué par un certain nombre d'ovaires disposés en tête arrondie autour d'un réceptacle sous-globuleux, et terminés par une corne stigmatique un peu courbe.

RENONCULE DES CHAMPS.

Le fruit se compose de 4, 8, 10 carpelles, monospermes agrégés en une tête globuleuse, mais un peu écartés, presque en étoile, ovales, comprimés, hérissés sur leurs deux faces et sur leurs bords de pointes nombreuses, dures, piquantes et terminés chacun par un bec plus long que la moitié de leur longueur, recourbé et plus ou moins aigu. La graine contient un petit embryon dressé.

Les racines de cette plante sont fibreuses, fasciculées, cylindriques, légèrement rameuses, garnies d'un chevelu fin et délié, un peu ondulées et d'une couleur grisâtre.

Cette plante croît dans les lieux arides ou stériles, mais surtout dans les champs, parmi les blés, en France, en Italie, en Sicile (Guss), en Sardaigne (Moris), en Espagne (Boiss), en Angleterre, en Allemagne, en Russie, en Crimée (Bieb.), au sud-est du Caucase (C. A. Mey, Verz., p. 202), en Grèce (Sibth et Sm.). Lamarck l'a aussi rencontrée sur les côtes de l'Afrique septentrionale. La présence de cette plante dans toutes les localités que nous venons de citer, a conduit M. Alph. de Candolle à se demander de quelle contrée la Renoncule des champs pouvait être originaire. « Je ne connais, dit-il, que l'Algérie où, d'après un auteur, elle serait spontanée hors des cultures. » M. Munby (Fl. alg., p. 57) dit : « Dans les champs et prairies, » et il ajoute : « Dans un *pré* argileux près de Babel-Oued. » Serait-ce une plante d'Afrique, introduite en Europe par les Sarrasins ou plutôt par les Romains, qui tiraient beaucoup de blé d'Afrique? On ne connaît aucun synonyme des anciens Grecs ou Latins ; l'espèce n'a pas de nom vulgaire grec (Sibth), et plusieurs botanistes modernes ne l'ont pas même trouvée en Grèce (Reut. et Marg., *Fl. Zante ;* Fraas, Syn., *Fl. class. ;* Griseb., *Spicil.*), ce qui indique peu d'ancienneté dans le monde gréco-romain.

La Renoncule des champs est une des espèces les plus caustiques du genre. Elle enflamme et corrode la peau. Quand on la mâche, elle excite puissamment la gorge et y détermine de violentes cuissons. Trente grammes de son suc administrés à un chien déterminent dans ses intestins une corrosion qui détermine sa mort en trois jours (Poiret).

EXPLICATION DE LA PLANCHE. — 1. Fleur coupée verticalement par le milieu pour montrer la disposition des parties. — 2. Pétale grossi. — Étamine grossie. — Carpelle entier et grossi. — 5. Le même coupé par le milieu pour faire voir la direction de l'embryon.

TABLE
DES TABLEAUX ET DES MATIÈRES.

AVIS AU RELIEUR

La *Flore médicale*, troisième édition, dont la partie élémentaire se compose du tome Ier de l'*Iconographie végétale*, doit se disposer dans l'ordre suivant :

Faux-titre, titre gravé et titre ;

Médaille des sciences médicales pour consacrer les progrès de la médecine en France (un onglet); Introduction, pages I à XII; puis, Iconographie végétale, de 5 à 26.

Remplacer les folios 27 et 28 par les folios 27 à 28 *bis*.

Placer les folios 120 *bis* et 120 *ter* à la suite du 120.

A la suite du folio 138, placer les pages 139 à 156, puis la table alphabétique (4 pages), et remplacer la table des tableaux et des matières par celle contenant les tableaux IV *bis* et suite du IV *bis*, XXXVI *bis* et les deux tableaux de fin composant l'Organographie végétale, et le tableau du règne organique.

NOTA. Les tableaux doivent toujours être placés en regard de leur texte.

Aux tomes II et suivants :

Intercaler les planches et texte du supplément, savoir : 5 *bis*, 24 *bis*, 24 *ter*, 24 *quater*, 24 *quinquies*, 107 *bis*, 156 *bis*, 165 *bis*, 185 *bis*, 192 *bis*, 201 *bis*, 201 *ter*, 201 *quater*, 242 *bis*, 254 *bis*, 281 *bis*, 294 *bis*, 295 *bis*, et un titre gravé à chaque volume.

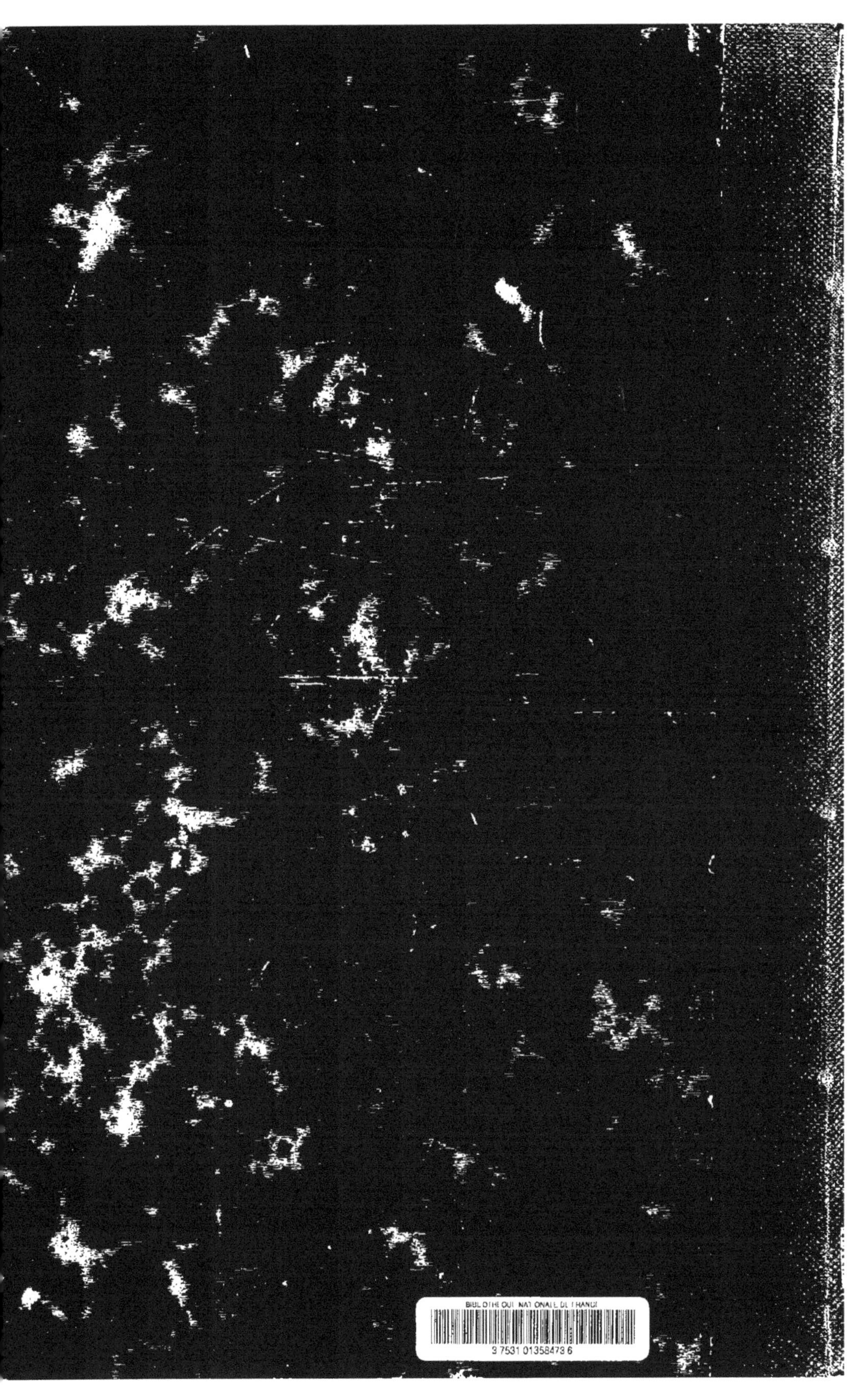

www.ingramcontent.com/pod-product-compliance
Ingram Content Group UK Ltd.
Pitfield, Milton Keynes, MK11 3LW, UK
UKHW051841140726
13696UKWH00007B/581